中等职业学校“十三五”系列规划教材

ZHIWU BAOHU JISHU

植物保护技术

主　编　李云升　宋　军
副主编　王云龙　丁海森

合肥工业大学出版社

图书在版编目(CIP)数据

植物保护技术/李云升,宋军主编. —合肥:合肥工业大学出版社,2018.6
ISBN 978-7-5650-4023-8

Ⅰ.①植… Ⅱ.①李…②宋… Ⅲ.①植物保护 Ⅳ.①S4

中国版本图书馆 CIP 数据核字(2018)第 124545 号

植物保护技术

李云升　宋　军　主编

责任编辑	张择瑞
出版发行	合肥工业大学出版社
地　　址	(230009)合肥市屯溪路 193 号
网　　址	www.hfutpress.com.cn
电　　话	理工编辑部:0551-62903204 市场营销部:0551-62903198
开　　本	710 毫米×1000 毫米　1/16
印　　张	9.75
字　　数	176 千字
版　　次	2018 年 6 月第 1 版
印　　次	2018 年 6 月第 1 次印刷
印　　刷	安徽联众印刷有限公司
书　　号	ISBN 978-7-5650-4023-8
定　　价	48.00 元

编写委员会

前　言

本教材是中等职业学校现代农艺专业、园林专业和园艺专业的一门主要专业课程，其目的是使学生具备从事现代农业生产，园林规划、设计、维护所必需的防治植物病、虫、草、鼠害的基本知识和基本技能，科学地开展综合防治，有效地控制植物病、虫、草、鼠的为害。

本书由安徽亳州新能源学校李云升、宋军老师任主编，阜阳经贸旅游学校王云龙老师和临泉县杨桥高级职业中学丁海森老师任副主编。

现代农业是高效的生态农业，也是可持续发展的农业，为适应新的培养目标，使学生学有所成，能学以致用，本书除了充实一些新知识、新技能外，还补充了大量图片，使所涉及的知识形象化，针对性、实用性、综合性更强。同时注重培养学生的生态环保意识和农业可持续发展的观念，培养能适应现代农业发展的高素质人才。

编　者

2018 年 6 月于安徽亳州新能源学校

目　录

序　言

一、生物灾害对农业生产的影响

1. 生物灾害

植物病、虫、草、鼠害又称生物灾害，是严重威胁农业生产的自然灾害。

2. 生物灾害给农业生产带来的损失

我国从春秋时代至新中国成立的2700多年间，共发生蝗灾800多次，猖獗之际蝗虫遮天蔽日，植物被食一空，饿殍遍地。

1845年爱尔兰马铃薯晚疫病，造成减产，饿死几十万人，外逃200多万人。

生物灾害每年造成的经济损失高达700亿～800亿元，使得植物大幅减产，品质变劣，甚至会引起人畜中毒。

蝗灾

蝗灾

二、植物保护技术

植物保护技术是在研究植物病、虫、草、鼠害发生发展规律的基础上，对病、虫、草、鼠害进行预测预报，并采取相应对策加以综合治理，将有害生物对农作物的经济损失控制在允许的水平之下。

三、植保的发展历史

有了农业就有了植物保护，可以说农业的发展史就是人类同生物灾害做斗争的历史。

二十世纪四十年代以前植保水平极低。

二十世纪四十年代出现了农药，如有机氯杀虫剂滴滴涕、除草剂 2，4－D 等都是常见的农药。农药的出现开辟了化学防治的新纪元。

化学防治的副作用：

一是有害生物的抗药性日益增强。

二是杀灭有害生物的同时，大量杀灭了有害生物的天敌及非防治对象。

三是污染环境，直接威胁人们的生存和健康。

四、我国的植保方针

1975 年全国植保工作会上，我国制定植保方针：

“预防为主，综合防治”。

方针强调以农业防治为基础，综合运用化学防治、生物防治、物理防治等措施，从维护生态系统平衡的观念出发，根据有害生物和农业环境之间的相互关系，充分发挥自然控制因素的作用，必要时利用化学农药等措施，将有害生物控制在经济损失允许水平之下，以获得最佳的经济效益、生态效益和社会效益。

五、与其他学科的关系

植物保护技术同植物学、植物生理学、土壤学、农业气象学等有着密切的关系。

课后作业：

一、填空题

1. 植物病、虫、草、鼠害又称__________，是严重威胁农业生产的自然灾害。

2. 全世界农作物每年因生物灾害造成的损失约合__________亿美元。

3. 我国的植保方针是__________。

4. 20 世纪 40 年代出现的有机氯杀虫剂和除草剂__________开辟了有害生物化学防治的新纪元。

二、名词解释

植物保护技术

三、问答题

1. 长期单一地使用化学农药所产生的副作用有哪些？
2. 我国植保方针的内涵是什么？

第一章　农业昆虫的基本知识

第一节　昆虫的外部形态

一、概述

昆虫种类繁多，目前已知的昆虫约有 100 万种以上，体态多变，但其基本结构是一致的。即成虫的体躯分为头、胸、腹三体段，各由若干体节组成，并有不同的附器。

二、昆虫的头部

（一）头部结构

位于体躯的最前端，由六个体节愈合而成，形成一个坚硬的半球形头壳，表面有许多沟缝将头分为许多小区。上面称头顶，后面称后头，前面称额，两面称颊，颊下面是唇基。

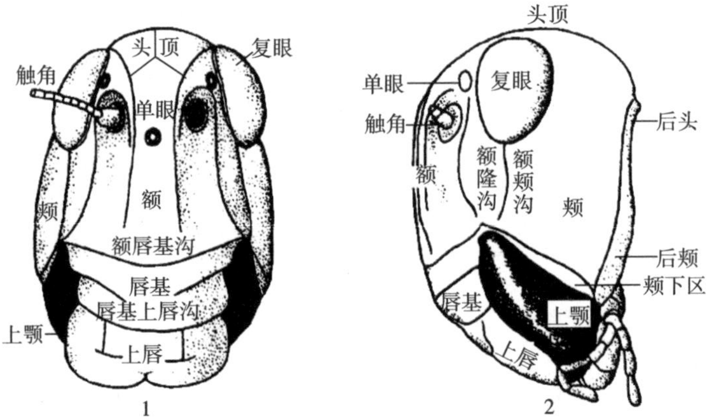

昆虫头部结构

头部

头部

（二）头的形式

头的形式简称头式，根据口器的着生位置分为三种头式。

1. 下口式

口器向下着生，头部的纵轴线与体躯的纵轴线几乎垂直。大多数植食性昆虫都是下口式，如蝗虫、蟋蟀。

下口式——蝗虫

下口式——蟋蟀

2. 前口式

口器向前着生，头部纵轴线与体躯的纵轴线差不多平行。大多数捕食性昆虫为前口式，如步行虫等。

3. 后口式

口器向后着生，头部纵轴线与体躯纵轴线成锐角。大多数刺吸式口器的昆虫为后口式，如蝉、蚜虫等。

前口式——步行虫

前口式——步行虫

后口式——蝉

后口式——蚜虫

(三) 昆虫头部的附器

1. 触角

绝大多数的昆虫种类都有一对触角，位于额的两侧。触角是昆虫的感觉器官，具有嗅觉、触觉和听觉的功能，可用来寻找食物和配偶。

昆虫触角

（1）触角的结构

触角由三部分构成：柄节，是基部的一节；梗节，是第二节；鞭节，是第三节，又由许多亚节组成。

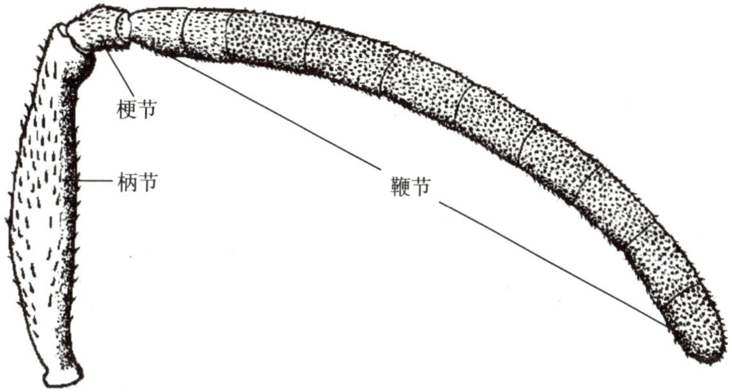

触角的结构

（2）触角的类型

昆虫的种类不同，触角不同；性别不同，触角不同。所以，触角是鉴别昆虫种类和性别的重要依据。

常见的昆虫触角类型：刚毛状、丝状或线状、念珠状、齿状、球杆状或棒状、锤状、羽毛状或双栉齿状、巨芒状、腮叶状、环毛状、膝状。

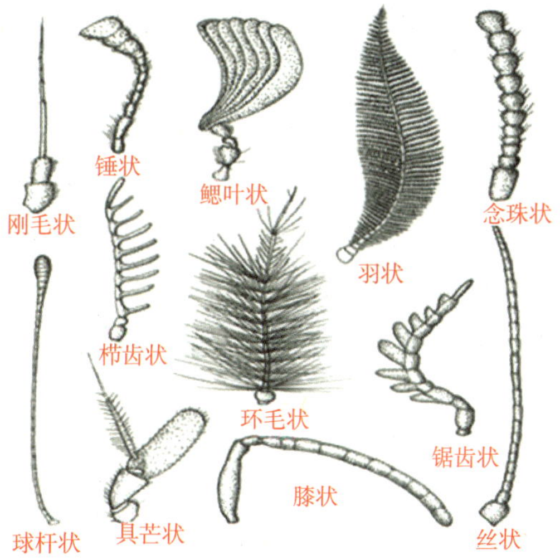

触角的类型

2. 口器

昆虫依种类、食性和取食方式的不同，口器发生很大变化，形成不同类型的口器。基本结构是由上唇、上颚、下颚、下唇、舌五部分组成。

咀嚼式口器：上唇、上颚、下颚、下唇、舌。为害特点：造成破损，如缺刻、孔洞、透明斑。

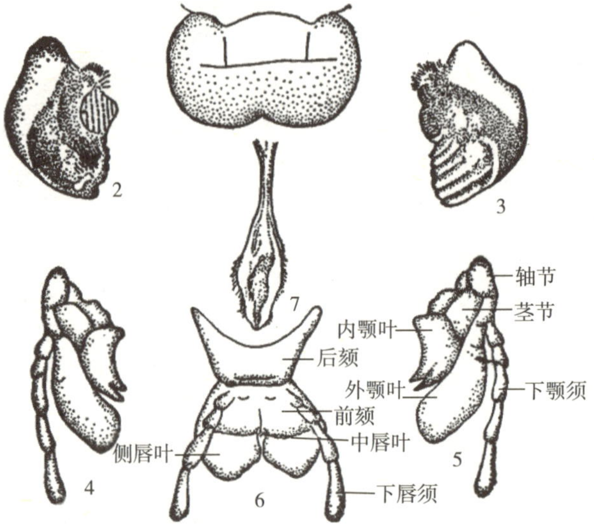

咀嚼式口器

缺刻

孔洞

刺吸式口器：上唇短，呈三角形小片。下唇长而粗，延长成喙，前面有槽。上颚和下颚特化为口针，口针是食物和唾液的通道。刺吸式口器，刺入动物或植物体内吸取血液或汁液。

为害植物后形成斑点，引起畸形，如卷叶、虫瘿、瘤等。还能传播疾病。

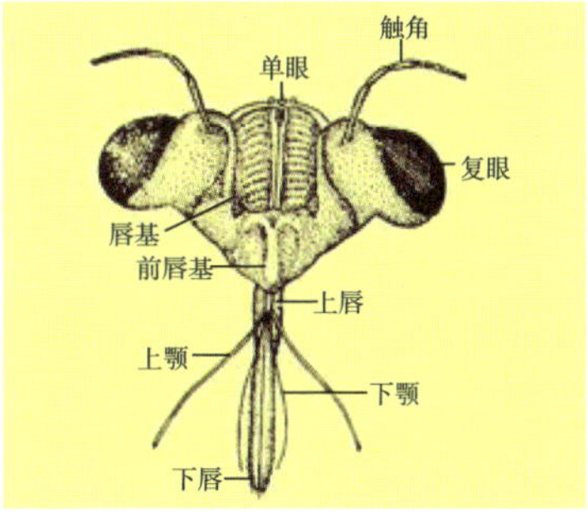

刺吸式口器

卷叶

虫瘿

不同口器，防治方式不同。针对咀嚼式口器的昆虫，可以用胃毒剂药剂防治。针对刺吸式口器的昆虫，可以用内吸剂防治。

头部是昆虫的取食中心。

三、昆虫的胸部

1. 胸部是昆虫的第二体段，由三节组成，依次称为前胸、中胸和后胸。每个胸节下方各生一对胸足。中胸和后胸背面两侧各有一对翅，称为前翅和后翅。足和翅是昆虫的主要运动器官，所以胸部是昆虫的运动中心。

2. 胸部的每一个胸节由 4 块骨板组成。背面称背板，两侧称侧板，腹面称腹板。

3. 胸足的基本结构和类型。足着生在胸部两侧下方由 6 节组成：基节、转节、腿节、胫节、跗节及前跗节。跗节表面有许多感觉器，药剂容易由此进入虫体，使其中毒死亡。

昆虫的胸部

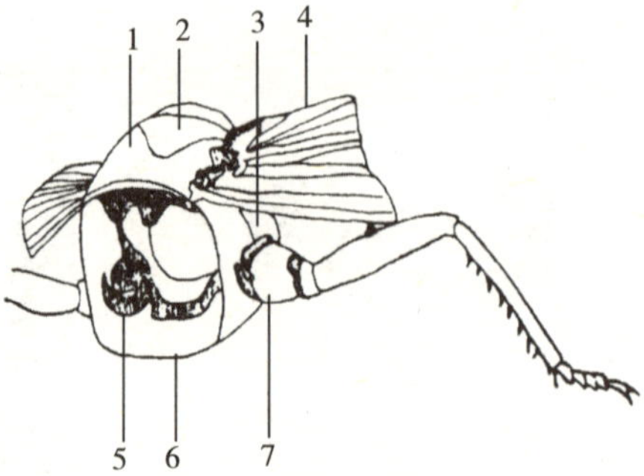

昆虫的具翅胸节

1. 背板；2. 小盾片；3. 侧板；4. 翅；

5. 基节窝；6. 腹板；7. 基节

(1) 昆虫胸足结构如图所示。

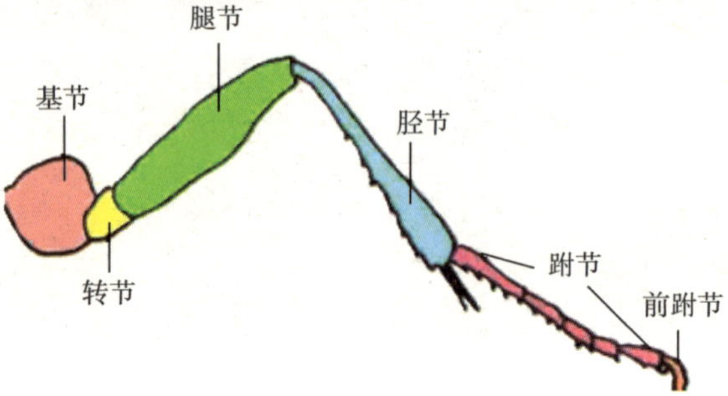

胸足结构

(2) 昆虫胸足类型如下。

由于各类昆虫的生活环境和生活方式不同，足的结构和功能发生很大变化。主要类型有：步行足、跳跃足、开掘足、捕捉足、游泳足、携粉足。

胸足的基本类型

步行足——天牛

跳跃足——蝗虫

捕捉足——螳螂

开掘足——蝼蛄

游泳足——龙虱

携粉足——蜜蜂

4. 翅。昆虫一般有两对翅。翅是昆虫分目的重要特征。有些昆虫的后翅退化为平衡棒，如蝇、蚊。有些昆虫的翅完全退化或消失。

翅一般呈三角形。

三缘：近头部的边称前缘，近尾部的边称后缘或内缘，两者之间的边称外缘。

四区：腋区、轭区、臀区和臀前区。

平衡棒

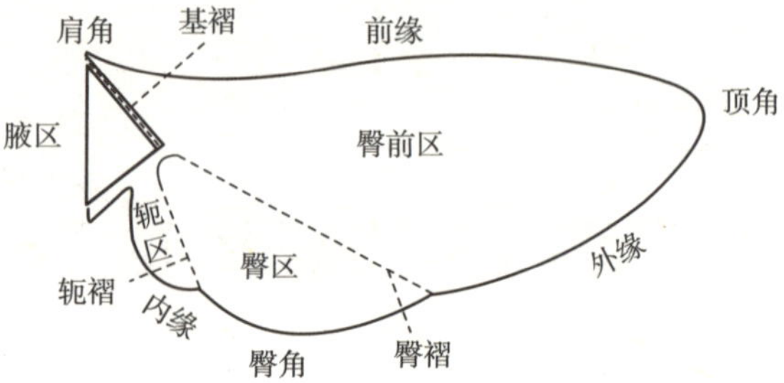

三缘

翅一般为膜质，其中的翅脉起骨架作用。

翅脉的排列状况称脉序，是鉴别昆虫种类的重要依据。

翅的种类有下述几种。

（1）膜翅：膜质而透明。

膜翅

膜翅

（2）革质复翅。

革质复翅

革质复翅

（3）角质鞘翅。

角质鞘翅

角质鞘翅

（4）半鞘翅：前翅端半部膜质，基半部革质。

半鞘翅

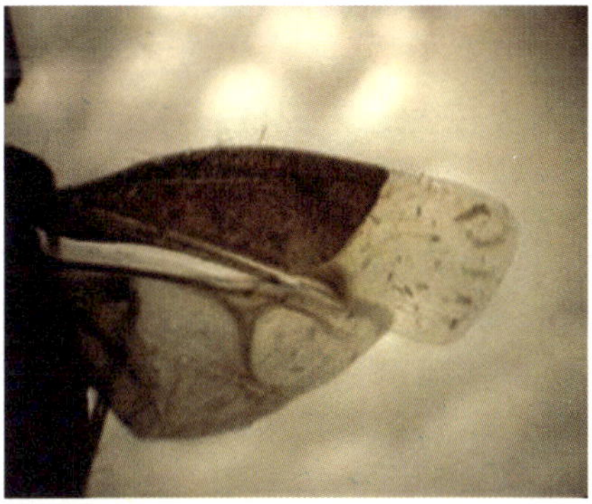

半鞘翅

（5）鳞翅：膜质翅上有许多鳞片。

鳞翅

鳞翅

（6）缨翅：翅缘有很多长的缨毛。

缨翅

缨翅

四、昆虫的腹部

1. 腹部是昆虫的第三体段，前端紧接胸部，由 9～11 节组成，第 1 节至第 8 节的两侧常有一对气门，近末端有肛门和外生殖器。

腹部内部有大部分内脏和生殖器官，因此，腹部是昆虫的内脏活动和生殖中心。腹节有背板和腹板，两侧是膜质的侧膜，节与节之间有节间膜相连，因此腹部可以伸缩、弯曲，有利于交配、产卵和呼吸。

昆虫的腹部

昆虫的腹部

2. 腹部附器。尾须：是一对须状的结构，是第 11 节的附肢，长短不一，有感觉功能。

外生殖器：雄性为交配器，由一管状阳具和一对钳状的抱握器组成。雌性为产卵器，由 2～3 对瓣状结构组成。有的种类无特别的产卵器，直接由腹部末端几节伸长成一细管来产卵。

尾须

尾须

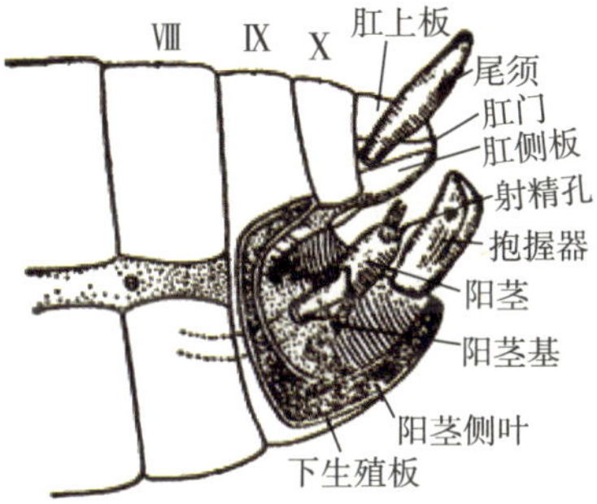

雄性生殖器

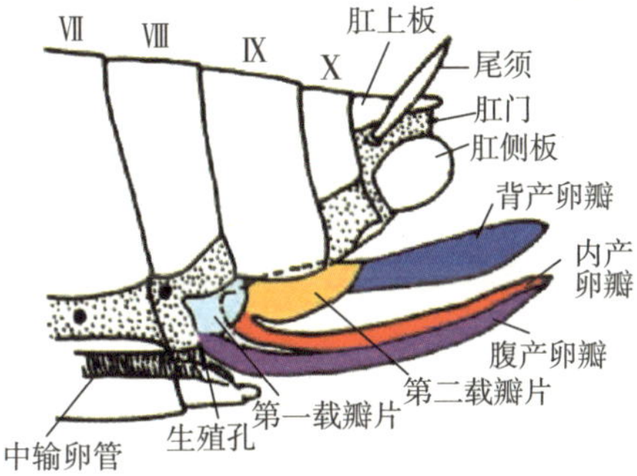

雌性生殖器

五、昆虫的体壁

1. 体壁是昆虫身体的外层组织，骨化成昆虫的外骨骼。体壁具有类似高等动物的皮肤和骨骼的功能：支撑身体、着生肌肉、防止体内水分过度蒸发、调节体温、防止外部微生物和有毒物质侵入、接受外界刺激。

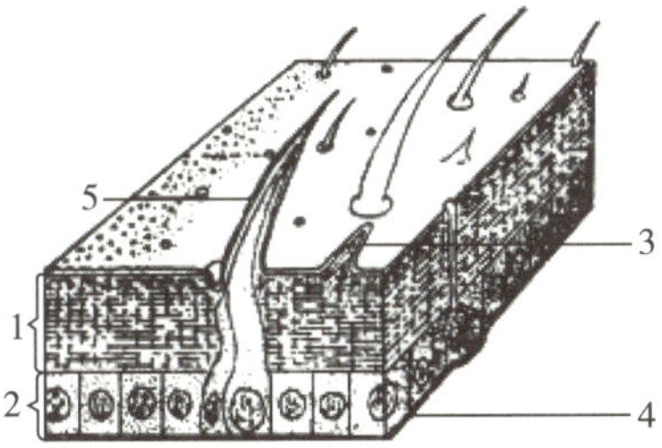

昆虫体壁

1. 表皮层；2. 皮细胞层；
3. 非细胞表皮突起；4. 底膜；5. 刚毛

昆虫刺

2. 体壁的结构和特性。体壁由表皮、真皮和底膜三部分组成。底膜是紧贴在皮细胞层下的一层薄膜。真皮是一层活细胞，虫体上的刚毛、鳞片及各种分泌腺都由皮细胞特化而来。表皮层是皮细胞分泌的非细胞层。由内向外分别为内表皮、外表皮、上表皮。

3. 体壁衍生物。外长物：由表皮向外长的，如刚毛、毒毛、刺、距、鳞片。内陷物：向内生长出的腺体，如唾腺、丝腺、蜡腺、毒腺、胶腺、蜕皮腺。

课后作业：

一、填空题

1. 虽然农业昆虫种类繁多，体态多变，但它们的基本结构是一致的，即成虫体躯都分为______、______、______三体段，各段又由若干______组成并且具有不同的______。

2. 根据口器着生位置的不同可把昆虫的头式分为______、______、______三种。

3. 触角是昆虫的______器官，具有______、______、______的功能，也是识别昆虫种类和区分______的重要依据。

4. 昆虫口器的基本结构是由______、______、______、______、______五部分组成。

5. 昆虫的胸由三节组成，依次分为______、______和______，胸部是昆虫的______中心。

6. 昆虫的胸足分为______、______、______、______、______、______等6节，其中______与防治的关系最为密切。

7. 昆虫的翅一般为膜质，其中的______起着骨架作用，它的排列状况也称______，是鉴别各类昆虫的重要依据。

8. 昆虫的腹部是昆虫的______和______中心，腹部可伸缩弯曲，有利于______、______、和______。

9. 昆虫的体壁是昆虫身体的外层组织，由______、______、______三部分组成，体壁骨化组成昆虫的______，具有类似高等动物的______和______的功能。

10. 虫体上的刚毛、鳞片及各种分泌腺都由______特化而来。

二、选择题

1. 由表皮向外长的衍生物是(　　)。

A. 刚毛　　B. 蜕皮腺　　C. 鞭毛　　D. 蜡腺

2. 头式属于下口式的昆虫是(　　)。

A. 蝗虫　　B. 步行虫　　C. 蝉　　D. 蚜虫

3. 在昆虫的胸足组成中(　　)与化学防治的关系最为密切。

A. 跗节　　B. 基节　　C. 转节　　D. 胫节

4. (　　)是鉴别昆虫种类的重要依据。

A. 翅　　B. 翅脉　　C. 脉序　　D. 翅的构造

5. 昆虫的气门位于(　　)。

A. 头部　　B. 胸部　　C. 腹部　　D. 全身

三、判断题

1. 昆虫的种类虽多，但基本结构却是一致的。(　　)

2. 昆虫触角的功能是用来寻找食物的。(　　)

3. 咀嚼式口器的昆虫危害植物后，通常会造成畸形、卷叶、缺刻、孔洞等现象。(　　)

4. 农业害虫要么是咀嚼式口器，要么是刺吸式口器。(　　)

5. 胸是昆虫的运动中心。(　　)

6. 虽然昆虫的生活环境不同，但它们足的结构和功能却是相同的。(　　)

7. 人们可以通过昆虫足的结构和类型研究昆虫的生活方式，进而进行防治。(　　)

8. 腹部是昆虫的生殖中心。(　　)。

9. 要想尽快地淹死昆虫，应把昆虫的头部放入水中。(　　)

10. 刚毛、刺、蜡腺、毒腺都是昆虫体壁衍生出的内陷物。(　　)

四、问答题

为什么说胸部是昆虫的运动中心？

第二节　昆虫的繁殖、发育与习性

一、昆虫的繁殖方式

（一）两性生殖

两性生殖需雌雄经过交配，精子与卵结合，雌虫产出受精卵，每粒卵发育为一个子代。这样的生殖方式叫两性生殖，又称两性卵生，是昆虫繁殖后代最普遍的方式，绝大多数昆虫都是两性生殖。

（二）孤雌生殖或单性生殖

1. 卵不经过受精就能发育成新个体的生殖方式，统称为孤雌生殖或单性生殖。

2. 孤雌生殖类型

（1）偶发性孤雌生殖。如家蚕。

（2）经常性孤雌生殖。一些昆虫同时进行有性生殖和孤雌生殖，如蚂蚁、蜜蜂。

某些昆虫产下的卵有一部分没有受精，未受精卵孵化成雄虫，受精卵孵化为雌虫。还有一些昆虫，自然条件下雄虫极少，甚至还没有发现，这类昆虫完全或几乎完全是孤雌生殖，如粉虱、缨小蜂、一些介壳虫。

家蚕

粉虱

（3）季节性孤雌生殖。冬季来临前进行交配产下受精卵越冬，其余季节进行孤雌生殖，如蚜虫。

缨小蜂

介壳虫

（三）多胚生殖

多胚生殖是由一个卵产生两个或更多胚胎的生殖方式。一个卵产生两个、几百个、上千个个体。如寄生蜂。

（四）卵胎生

卵在母体内成熟后，留在母体内进行胚胎发育，直到孵化后，直接产出幼虫或若虫，如蚜虫。

寄生蜂

蚜虫

（五）特异生殖的意义

孤雌生殖、多胚生殖、卵胎生都属于特异生殖，都是对环境的适应，可以利用少量的物质存活，并在较短的时间内繁殖大量后代。

二、昆虫的发育

昆虫的个体发育过程可分成胚胎发育和胚后发育两个阶段。

孵化：胚胎发育完成后，幼虫从卵中破壳而出的过程叫孵化。

卵期：卵从母体产下到孵化为止的一段时期。

胚胎发育是从受精卵到孵化为幼虫或若虫的发育期。

胚后发育是从孵化到成虫性成熟的整个发育期。

(一) 卵的结构和类型

1. 卵的结构

卵是一个细胞，最外层是卵壳，内为一层很薄的卵黄膜，包围着原生质和丰富的卵黄。卵核就是细胞核，位于卵的中央。

卵前端有一至数个小孔，称卵孔。卵壳的结构十分复杂，具有高度的不通透性，起着很好的保护作用。

2. 卵的类型

昆虫不同其卵的形状、大小、颜色、产卵场所都不相同。

(1) 昆虫卵的结构

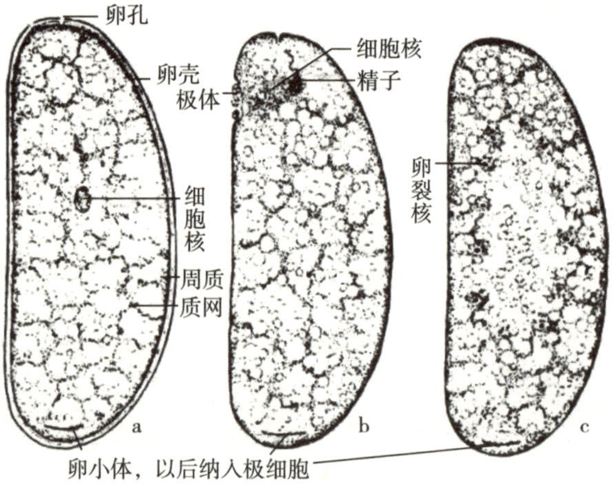

昆虫的发育

a. 昆虫卵　b. 昆虫卵受精　c. 卵裂中的昆虫卵

(2) 昆虫卵的类型

类型 1

类型 2

类型 3

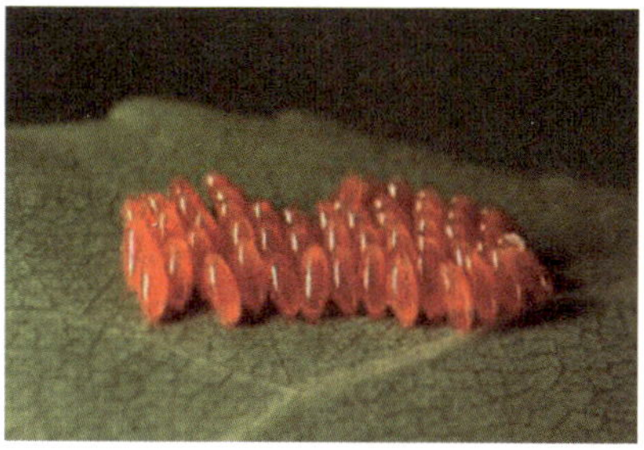
类型 4

（3）昆虫产卵场所

土壤

水

树干

叶面

（4）昆虫卵的排列方式

排列方式 1

排列方式 2

（二）昆虫的变态

1. 变态

昆虫从卵孵化后，在生长发育过程中要经过一系列外部形态和内部器官的变化，这种现象称为变态。

2. 变态类型

（1）不全变态：具有卵、幼虫（若虫或稚虫）、成虫三个虫态，无蛹。

① 渐变态：幼虫和成虫生活环境一致，它们在外形上很相似，仅仅是个体大小、翅及生殖器官的发育程度不同，如蝗虫。

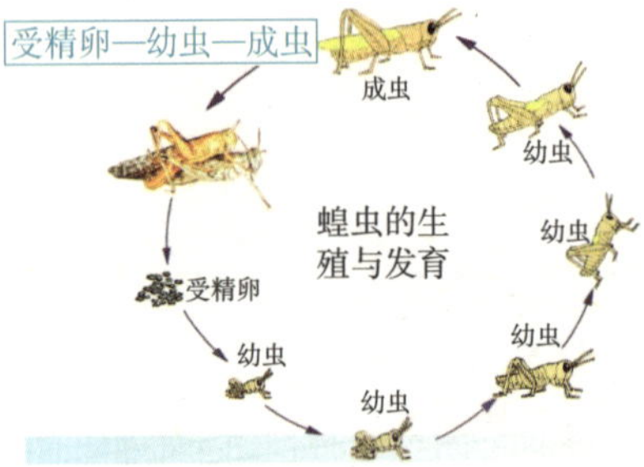

昆虫的变态

蝗虫幼虫

蝗虫成虫

蝗虫成虫

蚜虫

蝽象

② 半变态：幼虫生活在水中，成虫陆生，幼虫在形态上完全不同于成虫。幼虫称稚虫。如蜻蜓。

蜻蜓幼虫

蜻蜓幼虫

蜻蜓成虫

蜻蜓成虫

③ 过渐变态：幼虫与成虫生活环境相似，外形也相似，但幼虫变成成虫前有一个不食不动类似蛹的形态。如蓟马。

蓟马幼虫

蓟马成虫

（2）全变态：具有卵、幼虫、蛹和成虫四个虫态。

幼虫与成虫在形态特征和生活习性上完全不同，必须经过蛹期来完成这些剧烈的变化，使幼虫的器官结构消失或退化，代之以成虫的器官和结构。

金龟子

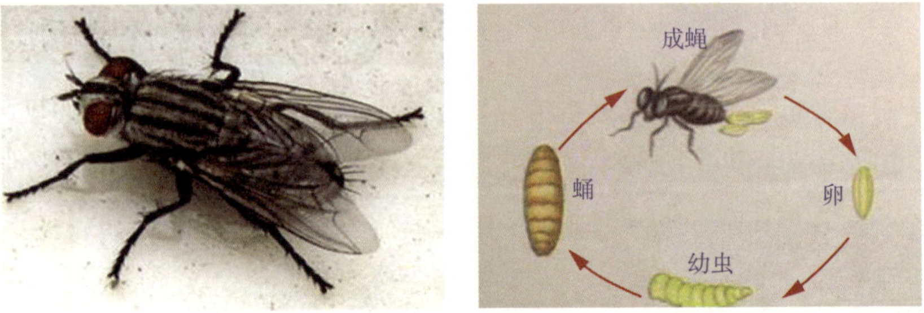

苍蝇

（三）幼虫及其类型

1. 幼虫是昆虫的生长时期，需要取食、生长和蜕皮才能转化为成虫或蛹。

（1）蜕皮：幼虫生长到一定程度后，受到体壁的限制，必须将旧皮蜕去才能继续生长，这种现象称为蜕皮。蜕去的旧皮称为蜕。刚孵化出来的幼虫称一龄幼虫，每蜕一次皮就增加一龄。

（2）龄期：前后两次蜕皮之间的时间称为龄期。

2. 幼虫类型

（1）原足型：胸足和附肢只是几个突起，腹部分节尚未完成。

（2）多足型：除有3对胸足外还有多对腹足。

原足型（寄生蜂）

多足型（蛾、蝶）

（3）寡足型：只有3对发达的胸足，无腹足。

寡足型（蝉）

寡足型（金龟甲）

（4）无足型：完全无足。

无足型（天牛）

无足型

（四）蛹及其类型

1. 蛹是全变态昆虫特有的发育阶段，也是幼虫转变为成虫的过渡时期。此阶段，表面不食不动，但体内进行着分解旧器官、组成新器官的剧烈新陈代谢活动。

2. 蛹的类型

（1）离蛹（裸蛹）：触角、足、翅与蛹体分离，有的可活动。如蜜蜂。

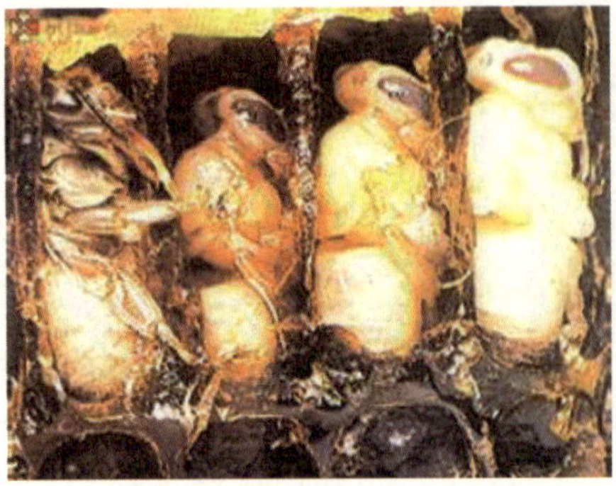
离蛹

离蛹

（2）被蛹：触角、足、翅紧紧地贴在蛹体上，表面上只能隐约见其形态。如蝶、蛾。

被蛹

被蛹

（3）围蛹：蛹体被幼虫最后蜕下的皮形成的桶形外壳包围，里面是离蛹。蝇、虻特有。

围蛹

（五）成虫期

1. 昆虫个体发育的最后一个阶段称为成虫期。成虫期主要是交配产卵，繁殖后代，所以，成虫是生殖期。

2. 羽化：不全变态的若虫和全变态的蛹，蜕去最后一次皮变为成虫的过程称为羽化。

3. 有的昆虫羽化后性器官已经成熟，不需要取食即能交配、产卵。这类成虫寿命短，不为害植物，如玉米螟。大多数昆虫羽化后，性器官远未成熟，需要继续取食才能达到性成熟，幼虫和成虫均为害植物，如蝗虫。

4. 产卵前期。由羽化到第一次产卵的间隔期，称为产卵前期。

各类昆虫的产卵前期常有固定的天数，并受环境条件的影响。诱杀成虫的防治措施在产卵前期进行效果较好。

5. 产卵期。从第一次产卵到产卵终止的时期称为产卵期。产卵期短的只有几天，一般十几天到几个月不等。

6. 交配和产卵次数。因种类而异，即使是同一种昆虫也不固定。通常是寿命短的一生只交配 1～2 次。但蜂后除外，一生只交配一次，寿命却很长。寿命长的成虫，一生可交配多次，产卵多次。

7. 性二型。成虫雌雄两性除第一性征（外生殖器）不同外，在体形、色泽、以及生活行为等第二性征方面也存在差异，称为性二型。如介壳虫，雄虫有翅，雌虫无翅。如蝉、蟋蟀、螽斯等，仅雄虫具有发声器。

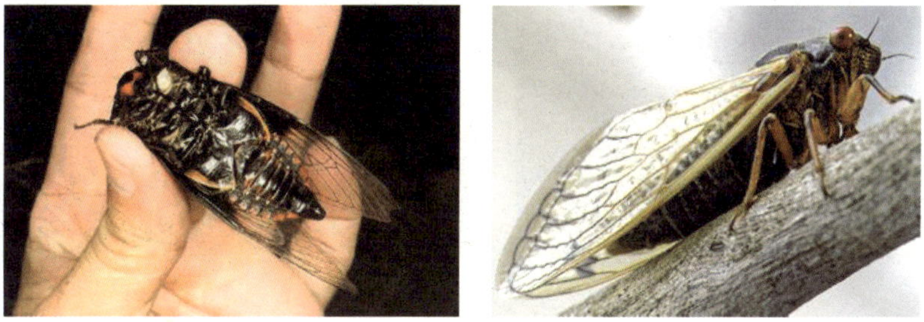

蝉

锹甲雌虫上颚小，雄虫则很大。

锹甲

8. 多型现象。同一种昆虫中存在着两种或两种以上的个体类型，称多型现象。

（1）稻褐飞虱有长翅和短翅。

稻褐飞虱

（2）高粱长蝽有长翅和短翅。

高粱长蝽

蜜蜂有蜂后、雄蜂、工蜂。白蚁有蚁后、工蚁、兵蚁。

三、昆虫的世代和生活史

1. 世代。昆虫从卵到成虫性成熟的个体发育史，称为一个世代。

2. 生活年史。由当年的越冬虫态开始活动到第二年越冬结束为止的一年内的发育史称为生活年史（简称生活史）。

一年发生一代的昆虫，世代和生活史相同。一年发生多代的昆虫，生活史包含几个世代。

3. 各种昆虫的世代长短和一年内的世代数各不相同。

有一年一代的（天牛），有两年一代的（褐天牛），有一年多代的（三化螟）。

蚜虫一年可有 10～30 代。

4. 世代的长短和一年内发生的世代数，受遗传因素和环境条件的影响。不同的环境下，同一种昆虫的世代数不同。如黏虫，华南 6～8 代，华北 3～4 代，东北 1～2 代。天幕毛虫不论南北一年只发生一代，这是遗传决定的。

5. 世代重叠。一年发生数代是昆虫，前后世代间常有重叠的现象，这种现象称为世代重叠。

世代重叠

6. 滞育。昆虫在生活史中，常常有一段或长或短的不食不动，生长发育暂时停滞的时期，这种现象称为滞育。

7. 休眠。由不良环境条件引起的生长发育停止，当不良环境条件一旦解除，昆虫可以立即恢复正常的生长发育，这种现象称为休眠。

滞育与休眠的区别：滞育是由遗传性决定的，但环境是诱因，进入滞育后即使给予最合适的环境也不能解除，必须经过一定的环境（如低温）刺激，再回到合适的条件下，才能重新继续生长发育。引起滞育的环境条件主要是光周期。

休眠是由环境条件引起的，主要是温度和湿度。

8. 研究昆虫生活史的意义。摸清害虫在一年中的发生发展规律，掌握害虫生活史中的薄弱环节，有效地进行防治。

四、昆虫的习性

昆虫的习性或种群的生物学特性包括昆虫的活动和行为。了解昆虫习性，掌握它的特点和弱点，有利于控制其发生为害，也可利用某些习性进行预测预报。

(一) 食性

昆虫在长期演化过程中，形成了对食物条件的一定要求。

1. 根据食物来源不同分

(1) 植食性

以植物为食，绝大多数农林害虫和少数益虫属此类，如家蚕。

(2) 肉食性

主要以动物为食料，绝大多数是益虫，如瓢虫、赤眼蜂。

瓢虫

赤眼蜂

(3) 粪食性

专门以动物的粪便为食，如蜣螂。

蜣螂

(4) 腐食性

以死亡的动植物组织及其腐败物质为食，如埋葬甲。

埋葬甲

(5) 杂食性

既吃植物性食物，也吃动物性食物，如胡蜂。

胡蜂

2. 根据取食范围的宽窄分

(1) 单食性

只取食一种动物或植物的昆虫，如三化螟。

三化螟

（2）寡食性

能取食同属、同科和近缘科的几种植物，如菜粉蝶。

菜粉蝶

（3）多食性

能取食很多科、属的植物，如小地老虎。

小地老虎

了解昆虫食性的意义：

可以利用轮作倒茬、合理的作物布局、中耕除草等农业措施防治害虫，同时对害虫天敌的选择与利用有实际价值。

（二）趋性

趋性是昆虫接受外界环境刺激的一种反应。

1. 趋光性

趋光性是昆虫对光源刺激的一种反应。很多昆虫都有趋光性，有正趋性和负趋性（背光性）。大多数夜间活动的昆虫都有很强的趋光性，如蛾类、蝼蛄、金龟子。

昆虫对光波的长短、强弱反应不同，一般趋向于短光波，这是利用黑光灯诱集昆虫的依据。

实践中常用趋光性防治害虫。

黑光灯

2. 趋化性

昆虫对化学物质刺激所产生的反应，有趋也有避，趋化性是昆虫通过嗅觉器官产生的反应。昆虫在寻食、求偶、避敌寻找产卵场所方面趋化性表现明显，可以利用昆虫的趋化性进行诱杀或使其避开。常见的利用趋化性制作的药剂有诱杀剂、诱集剂、拒避剂。

(1) 糖醋液（糖醋液的配方是：红糖 1 份，醋 2 份，白酒 0.4 份，敌百虫 0.1 份，水 10 份）可诱杀黏虫、小地老虎。

糖醋液诱杀害虫

（2）麦麸（制成毒饵）诱杀地下害虫。

麦麸毒饵

（3）性外激素诱杀害虫。

昆虫性外激素

3. 趋温性

昆虫是变温动物，必须趋向于环境中的适宜温度，因而常选温度适宜生长的地方聚集。

（三）假死性

有些昆虫受到突然的接触或震动时，全身表现一种反射性的抑制状态，身体蜷曲，或从植株上坠落地面，一动不动，片刻才爬行或飞起，这种现象称假死性。

对于有假死性的昆虫可以利用骤然震落的方法加以捕杀，如金龟子、玉米象。

玉米象

(四) 群集性

群集性是同种昆虫的个体高密度地聚集在一起的习性，可分为临时群集和永久群集。有些昆虫的群集具有季节性，如群集越冬，有利于度过不良环境。

1. 蚜虫群集、粉虱群集

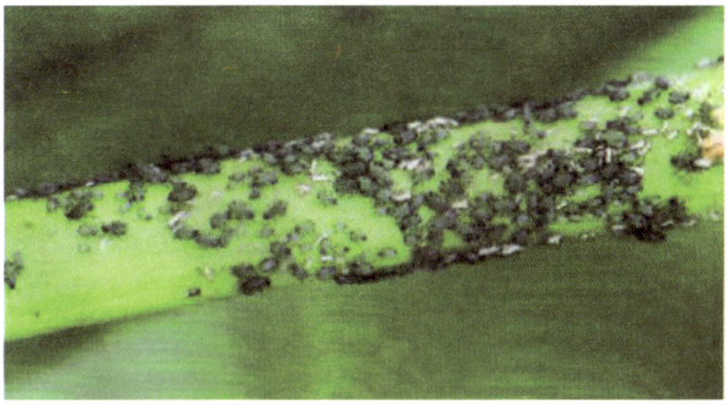

蚜虫

粉虱

2. 瓢虫、鼠妇群集

瓢虫

鼠妇

（五）迁飞性

不少农业害虫，在成虫羽化到翅骨变硬的羽化前期，有成群由一个发生地长距离迁飞到另一发生地的特性。这些成虫迁飞时，雌虫卵巢还没有发育，大多数没有交配产卵。迁飞是昆虫对环境的一种适应，有助于种群的延续生存。

迁飞蚜与上述迁飞不同，有冬夏两个寄主，春季从冬寄主上迁飞到夏寄主上为害，并几次迁飞，扩展为害范围。秋后从夏寄主上迁飞到冬寄主上产卵越冬。

了解昆虫迁飞性的意义：查明其来龙去脉和扩散转移时期，对害虫的预测与防治具有重大意义。

课后作业：

一、填空题

1. 昆虫繁殖后代最普遍的方式是______。

2. 孤雌生殖可分为______、______、______。

3. ______生殖和______生殖都是昆虫对环境的适应。

4. 昆虫的个体发育过程可分为______和______两个阶段。

5. 卵从______到______止的一段时期称为卵期。

6. 胚后发育是从______开始至______整个发育期。

7. 不同种类的昆虫其卵的______、______、______、______各不相同，______和______也不相同。

8. 常见的变态类型有______和______。

9. 不全变态有______、______和______三个虫态，无______。

10. 渐变态昆虫的幼虫称为______，半变态昆虫的幼虫称______。

11. 全变态具有______、______、______、______四个虫态。

12. 全变态昆虫的幼虫和成虫在______和______上完全不同。

13. 幼虫两次蜕皮之间的时间称______。

14. 全变态的昆虫的幼虫大体上可分为______、______、______、______四类。

15. 蛹可分为______、______、______三种类型。

16. 成虫期的主要任务是______和______。

17. 白蚁有蚁后、工蚁、兵蚁之分，这种现象属______。

18. 世代的长短受______和______的影响。

19. 引起昆虫休眠的主要环境因子是______和______。

20. 休眠是由______引起的，而滞育是由______决定的，但______是诱因，引起滞育的环境条件主要是______。

21. 昆虫的习性包括__________和__________。

22. 根据食物的来源不同昆虫的食性可分______、______、______、______、______为五类。

23. 肉食性昆虫可分为______和________。

24. 昆虫的趋性可分为________、________、________。

25. 利用黑光灯诱杀昆虫的依据是__________。

26. 对于具有假死性的昆虫可以采用______的方法进行捕杀。

27. 迁飞是昆虫对环境的一种________。

二、选择题

1. 进行季节性孤雌生殖的昆虫是(　　)。

A. 家蚕　　B. 小蜂　　C. 蚜虫　　D. 介壳虫

2. 不属于特异性生殖的是(　　)。

A. 两性生殖　　B. 孤雌生殖　　C 卵胎生　　D. 多胚生殖

3. 卵壳的主要作用是(　　)。

A. 保护作用　　B. 通气　　C. 透水作用　　D. 以上都对

4. 卵内最丰富的是(　　)。

A. 卵壳　　B. 卵黄膜　　C. 卵黄　　D. 原生质

5. 幼虫不被称为若虫的是(　　)。

A. 金龟子　　B. 蝗虫　　C. 椿象　　D. 蚜虫

6. 刚孵化出来未蜕皮的幼虫称(　　)龄幼虫。

A. 无　　B. 0　　C. 一　　D. 二

7. 属原足型幼虫的是(　　)幼虫。

A. 瓢虫　　B. 天牛　　C. 蝶　　D. 寄生蜂

8. 蜂类的蛹属(　　)。

A. 离蛹　　B. 被蛹　　C. 围蛹　　D. 蜂蛹

9. 幼虫和成虫都可危害作物的是(　　)。

A. 二化螟　　B. 玉米螟　　C. 蝗虫　　D. 叶蝉

10. 诱杀成虫的应在(　　)期进行。

A. 产卵前　　B. 卵　　C. 产卵后　　D. 产卵中

11. 寿命很长而一生只交配一次的昆虫是(　　)。

A. 蝗虫　B. 甲虫　C. 蚜虫　D. 蜂后

12. 能够鸣叫的蝉是(　　)。

A. 雌蝉　B. 雄蝉　C. 雌蝉和雄蝉　D. 以上都不对

13. 一年数代的昆虫是(　　)。

A. 天牛　B. 褐天牛　C. 三化螟　D. 以上都对

14. 属肉食性的昆虫是(　　)。

A. 蜣螂　B. 小地老虎　C. 菜粉蝶　D. 瓢虫

15. 昆虫的趋化性主要是通过(　　)器官实现的。

A. 嗅觉　B. 听觉　C. 视觉　D. 味觉

16. 糖醋液诱杀小地老虎主要是利用该虫的(　　)。

A. 趋光性　B. 趋化性　C. 趋温性　D. 趋湿性

三、判断题

1. 绝大多数昆虫的生殖方式是孤雌生殖。(　　)
2. 家蚕的生殖方式是经常性孤雌生殖。(　　)
3. 偶发性孤雌生殖与季节无关。(　　)
4. 直接产生出幼虫或若虫的生殖方式是卵胎生。(　　)
5. 胚胎发育又称卵内发育。(　　)
6. 卵是一个细胞。(　　)
7. 卵核就是卵的细胞核，位于卵的中央。(　　)
8. 植物的各个部位都有可能成为昆虫产卵的场所。(　　)
9. 水火是无情的，所以昆虫的卵是不能产在水中的。(　　)
10. 由于腐烂的植物中细菌较多，为了安全起见，昆虫是不会把其当作产卵场所的。(　　)
11. 蜻蜓的幼虫称为稚虫。(　　)
12. 幼虫期是昆虫的主要生长期。(　　)
13. 寡足型幼虫无腹足。(　　)
14. 蛹不吃不动，不危害作物，体内外无任何变化。(　　)
15. 成虫期是昆虫个体发育的最后一个阶段。(　　)
16. 有些昆虫的成虫不食也可产卵，(　　)
17. 所有昆虫的产卵前期都有固定的天数。(　　)
18. 产卵期的长短因昆虫的种类而异，长的可达几个月。(　　)
19. 蝗虫一生可产卵多次。(　　)
20. 当听到蟋蟀的叫声时，可以断定附近一定有雄蟋蟀。(　　)

21. 一年发生多代的昆虫，世代中包含了几个生活史。(　　)
22. 不同昆虫的世代长短不同，一年内的世代数也不相同。(　　)
23. 家蚕是杂食性昆虫。(　　)
24. 单食性昆虫只吃一种动物或植物。(　　)
25. 所谓趋性是指昆虫对外界刺激的非趋即避。(　　)
26. 部分昆虫的体温是恒定的。(　　)
27. 蚜虫和粉虱都是群集性昆虫。(　　)

四、名词解释

1. 孤雌生殖　2. 多胚生殖　3. 卵胎生　4. 变态　5. 蜕皮　6. 羽化
7. 世代　8. 生活史　9. 滞育　10. 休眠　11. 趋性　12. 假死性

五、问答题

1. 昆虫经常性孤雌生殖的原因是什么?
2. 为什么说孤雌生殖对昆虫的广泛分布起着重要作用?
3. 为什么有些昆虫的成虫危害作物而有些昆虫的成虫不危害作物?
4. 简述生活史和世代的关系?
5. 了解昆虫食性有何意义?
6. 叙述乔迁蚜虫的迁飞特点。
7. 蛹期的特点有哪些?

第三节 昆虫与环境条件的关系

害虫能否大发生，一方面取决于害虫本身的内在因素（种群特性），另一方面也受环境条件的制约，是两者相互作用的结果。

研究昆虫与环境条件的相互关系，昆虫种群对环境条件的要求，以及昆虫盛衰的规律，能够从中找出昆虫的发生期、地理分布和数量变化的规律，并找出起作用的主导因素。适当地改善环境，使之有利于益虫的发生发展，而不利于害虫的发生发展，可以达到控制虫害发生的目的。

环境中的生态因子错综复杂，并综合作用于昆虫种群的兴衰，其中，气象因素、土壤因素、生物因素影响最大。

一、气象因素

气象因素包括温度、湿度、风、光、雨等，在自然条件下，这些因素总是同时存在，相互影响、综合作用于昆虫。其中温度和湿度对昆虫的影响最为突出。

(一) 温度对昆虫的影响

昆虫是变温动物，生长发育、繁殖受温度的影响和支配。

1. 昆虫对温度的反应

（1）有效温度范围：能使昆虫正常生长发育与繁殖的温度范围，称有效温度范围。

温带地区：有效温度范围为 8℃～40℃。最适温度范围为 22℃～30℃。

发育起点：有效温度下限称为发育起点，一般为 8℃～15℃。

临界高温：有效温度上限称为临界高温，一般为 35℃～45℃。

滞育低温区：发育起点以下有一段低温区，昆虫生长发育停止，这段低温区称为滞育低温区，一般为－10℃～8℃。

致死低温区：滞育低温区以下，由于温度过低昆虫会立即死亡，称为致死低温区，一般为－40℃～－10℃。

滞育高温区：临界高温区之上有一段滞育高温区，一般为 40℃～45℃。

致死高温区：滞育高温区之上，昆虫因温度过高立即死亡，一般为 45℃～60℃。

因昆虫的种类、地区、季节、发育阶段、性别、营养状况的不同对温度的反应也不一样。

（2）有效积温定律（有效积温法则）：在有效温度范围内昆虫发育速度与温度成正比。

昆虫完成一定的发育阶段所需的天数与该天数内温度的乘积，是一个常量 K。

$$K = NT$$

式中，K 是常量，N 是发育天数（d），T 是平均温度（℃）。

由于昆虫的发育起点不是从 0℃开始，所以发育温度应减去发育起点温度 T_0。

$$K = N(T - T_0) \quad 或 \quad N = K/(T - T_0)$$

根据有效积温定律计算世代数：

世代数＝某地全年有效积温总和（d·℃）/某虫完成一个世代的有效积温（d·℃）

2. 有效积温定律的应用

应用 1：预测某害虫在某地发生的世代数。

例如：实验测得槐尺蠖完成 1 个世代的有效积温为 458d·℃，发育起点温度为 9.5℃（各虫态发育起点温度的平均值），某年在北京 4～8 月（槐尺蠖活动期）的有效积温为 1873d·℃，即可推算出该虫在北京每年能发生的世代数：

发生世代数＝1873/458＝4（代）

即槐尺蠖一般在北京每年可发生 4 代。

应用 2：利用有效积温进行发生期预测。

预测害虫发生期：知道了一种害虫或一个虫期的有效积温与发育起点温度后，便可根据公式进行发生期预测。

例如：已知槐尺蠖卵的发育起点温度为 8.5℃，卵期有效积温为 84d·℃，卵产下当时的日平均温度为 20℃，若天气情况无异常变化，预测 7 天后槐尺蠖的卵就会孵出幼虫。

$$N = 84/(20 - 8.5) = 7.3（天）$$

应用 3：利用有效积温进行发育进度预测。

控制昆虫发育进度：人工繁殖利用寄生蜂防治害虫，按释放日期的需要，可根据公式计算出室内饲养寄生蜂所需要的温度。通过调节温度来控制寄生蜂的发育速度，在合适的日期释放出去。

例如：利用松毛虫赤眼蜂防治落叶松毛虫，赤眼蜂的发育起点温度为 10.34℃，有效积温为 161.36d·℃，根据放蜂时间，要求 12 天内释放，应在何种温度培育才能按时出蜂？代入公式，即

$$T=161.36/12+10.34=23.8℃$$

即在 23.8℃的温度条件下经过 12 天即可出蜂释放。

3. 有效积温定律的局限性

(1) 对于滞育现象的昆虫不适合，因为很多昆虫的滞育不是温度低于发育起点以下引起的。

(2) 昆虫栖息地的小气候总是与气象站得到的资料有差别，自然界的温度不可能总是在适温区内，昆虫是生活在昼夜温差变化之中的。

(3) 昆虫的生长发育不仅受温度的影响，还受湿度、食物等因素的影响。

(二) 湿度和水对昆虫的影响

湿度实质上就是水的问题。水是昆虫虫体的组成成分和生命活动的重要物质与媒介。不同昆虫和同种昆虫的不同发育阶段，对水的要求不同。水分过高或过低都直接或间接地影响昆虫的正常生命活动。昆虫对湿度的要求有一定的范围，一般的，低湿延缓发育天数，降低繁殖力和成活率。湿度过大，尤其是暴雨对弱小昆虫和低龄幼虫的影响是致命的。

(三) 温度和湿度的综合影响

温度和湿度总是同时存在、互相影响并综合作用于昆虫的。

对一种昆虫来说适宜的湿度范围常因温度的变化而变化。适宜的温度范围常因湿度的变化而变化。当温度适宜时，对湿度的适宜范围就宽些。为了正确反映温度和湿度对昆虫的综合作用，常用温湿系数来表示：

温湿系数＝平均相对湿度/平均温度

不同昆虫或同一昆虫的不同世代对温湿系数的要求不同。

但温度与湿度必须限制在一定的范围内，因为不同的温度与湿度可以组合成相同的温湿系数，但对昆虫的影响是截然不同的。

(四) 光对昆虫的影响

光主要影响昆虫的活动规律与行为，协调昆虫的生活周期。

1. 光的性质

光因波长不同，显示出不同的性质。人眼的可见光波长在 770～400 纳米。昆虫可见光波长在 700～253 纳米。很多昆虫对紫外光有正趋性。黑光灯的波长在 360 纳米左右。昆虫对不同光的颜色有明显的分辨能力。蜜蜂对红、黄、绿、紫四种颜色反应敏感。蚜虫对黄光反应敏感。所以光的不同颜色成为昆虫产卵、觅食、寻找栖息场所等活动的信息。

2. 光的强度

光的强度对昆虫的影响十分明显。蝶类喜欢在强烈日光下活动。夜出性昆虫习惯在黑暗中活动，但大多数有趋光性。有些昆虫习惯于阴暗的环境，如钻蛀性昆虫。

3. 光周期

昼夜交替时间在一年中的周期性变化，称为光周期。光周期是引起昆虫滞育的主导因子。有些以长日照出现为信息进入滞育（夏眠）。一些以短日照出现为信息进入滞育（冬眠）。

（五）风

风主要影响昆虫的迁飞与扩散。许多昆虫可以借助于风力传播到很远的地方。如蚜虫可以在风力的作用下迁飞到 1220～1440 千米以外；黏虫成虫的季节性远距离迁飞与风有密切关系。

二、土壤因素

土壤是昆虫的一种特殊生态环境。

1. 土壤温度

土壤热量来源：太阳辐射；土壤有机物发酵释放热量。土栖昆虫可以在不同的土壤深度找到所需的温度，加上土壤的保护作用，土壤成了昆虫越冬和越夏的良好场所。

随着季节的变化和土壤温度的变化，有些生活在土壤中的昆虫常做上下垂直移动。生长季节升到土表下危害植物，冬季潜入土壤深处越冬。如蛴螬、金针虫。

金针虫

2. 土壤湿度

土壤湿度主要取决于土壤含水量。土壤水分的来源主要是降雨和灌溉。

我国南方地区土壤一般偏湿润，北方偏干燥。

土栖昆虫一般不会因土壤湿度过低而死亡。因为昆虫的卵、蛹、休眠状态的幼虫对土壤湿度的变化有一定的适应能力。但土壤湿度影响土栖昆虫的分布。如小地老虎和细胸金针虫喜欢在含水量高的低洼地活动。而沟金针虫喜欢在干旱的平原旱地活动。

下图左为细胸金针虫，右为沟金针虫。

细胸金针虫

沟金针虫

3. 土壤的理化性质

(1) 土壤颗粒结构影响土栖昆虫的分布。如蝼蛄喜欢含沙质较多而湿润的土壤，尤其喜欢经过犁耕、施有厩肥的松软田地，黏性大而结实的土中较少。

(2) 土壤酸碱度和有机质影响土栖昆虫的分布。金针虫喜欢在酸性土壤中生活。

(3) 施用大量充分腐熟的有机肥的土壤中易引诱种蝇、金龟子的成虫产卵。

三、生物因素

(一) 食物对昆虫的影响

(1) 每种昆虫都有它喜食的植物种类，在取食喜食植物时期，昆虫的发育较快，死亡率低，生殖力强。如东亚飞蝗喜食禾本科、莎草科中的一些种类；如饲以油菜则蝗蝻死亡率大增，发育期也延长；饲以棉花和豌豆则不能完成发育而死亡。

(2) 同种植物的不同发育阶段对昆虫影响也不同。如蚜虫在嫩芽上比在老叶上取食成活率高。

(3) 植物的含水量和昆虫的生长发育和繁殖有密切关系。

干旱条件下，植物缺水，体内营养物质浓度高，有利于某些害虫的繁殖，特别是刺吸式口器害虫的繁殖。

(4) 氮肥过多也有利于一些害虫的繁殖，而磷肥则对一些害虫有相反的作用。

食物链：昆虫通过食物关系（吃与被吃）与其他生物间建立了相对固定的联

系，这种联系并不仅仅限于吃者与被吃者的关系，大多数吃者又是被吃者，通过取食和被取食的联系将它们互相联系在一起，这种关系称为食物链。

食物链

食物链由植物或死亡的有机物开始，而终止于肉食（捕食或寄生）动物，它不是一个直链，而是形成复杂的网状结构。食物链中的任何一个环节的变动必将引起整个群落组合的改变。

（二）天敌的影响

天敌是指昆虫的所有生物性敌害。有捕食性天敌、寄生性天敌、致病微生物天敌三大类。

1. 捕食性天敌

常见的有螳螂、蜻蜓、草蛉、虎甲、步行甲、瓢虫、食虫虻、食蚜蝇等。

螳螂

蜻蜓

草蛉

虎甲

瓢虫

食虫虻

2. 寄生性天敌

寄生性天敌种类多，其中膜翅目、双翅目昆虫利用价值大。

3. 致病性微生物

致病性微生物有细菌、真菌、病毒、线虫等。

4. 蜘蛛及其他食虫动物

昆虫的天敌还有蜘蛛及其他食虫动物（如鸟类）。

（三）植物的抗虫性

植物对昆虫的取食为害所产生的抗性反应，称为植物的抗虫性。根据抗虫机制分为下述三种。

1. 不选择性

植物的形态（株型紧凑）、组织上的特点（绒毛、密集的刺、表皮坚硬等）和生理生化上的特性，或体内的某些特殊物质的存在（如香樟、薄荷），阻碍昆虫对植物的选择，或由于植物的物候期和与害虫的为害期不吻合，使局部或全部避免遇害。

注：物候期：就是指动植物的生长、发育、活动等规律与生物的变化对节候的反应，产生这种反应的时候叫物候期。

2. 抗生性

植物体内某些有毒物质，害虫取食后引起生理失调甚至死亡，或植物受害后产生一些特殊反应（如极强的愈合能力）阻止害虫为害。

植物的愈合能力

3. 耐害性

作物受害后由于本身的强大的补偿能力，使产量基本不减。如禾本科植物，分蘖能力强，田间实有株数并没有减少，损失很轻。

课后作业：

一、填空题、

1. 在环境因素中对昆虫影响最大的是______、______、______。

2. 影响昆虫的气象因素包括______、______、______、______、______，其中以______和______最为突出。

3. 能使昆虫______与______的温度范围，称有效温度范围。有效温度范围的下限称为______，上限称为______。

4. 黏虫的发育起点为9.6℃，完成一代所需要的有效积温为682.2（d·℃）。长春年平均有效积温为1425.6（d·℃），那么该虫在长春一年中发生的世代数可能是______。

5. 水是虫体的______和______的重要物质与媒介。

6. 温度与湿度总是________、________并综合作用与昆虫的。

7. 光主要影响昆虫的________和________，协调昆虫的生活周期。

8. 风对昆虫的______、______起着重要作用。

9. 土壤温度的变化与________和________有关。

10. 土壤水分主要来自______、______。

11. 食物链开始于____________，终止于__________。

12. 天敌可分为________、________、________三类。

13. 列举几个常见的捕食性天敌：____________________。

二、选择题

1. 温带地区昆虫的最适温度范围是(　　)。

A. 8℃～15℃　　B. 8℃～40℃　　C. 22℃～30℃　　D. 35℃～45℃

2. 低湿对昆虫的影响是(　　)。

A. 延缓发育天数，但增加成活率

B. 降低繁殖力，但增加成活率

C. 延缓发育天数，降低成活率

D. 增强繁殖力，降低成活率

3. 黑光灯的灯光是短光波，波长在(　　)nm 左右。

A. 250　　B. 360　　C. 470　　D. 770

4. 蚜虫对(　　)光反应敏感。

A. 黄　　B. 红　　C. 蓝　　D. 绿

5. 引起昆虫滞育的主导因子是(　　)。

A. 温度　　B. 湿度　　C. 光周期　　D. 短波光

6. 能随着土温的变化在土壤中做上下垂直运动的昆虫是(　　)。

A. 棉蚜　　B. 蛴螬　　C. 豆天蛾　　D. 瓢虫

7. 喜欢在含水量高的低洼地区活动的昆虫是(　　)。

A. 小地老虎　　B. 蛴螬　　C. 蝼蛄　　D. 蝗虫

8. 东亚飞蝗喜食的作物是(　　)。

A. 油菜　　B. 棉花　　C. 豌豆　　D. 玉米

三、判断题

1. 昆虫的生长发育与温度成正比。(　　)

2. 不同昆虫对水的要求不同，同种昆虫的不同发育阶段对水的要求是相同的。(　　)

3. 暴风雨对昆虫的影响不大。(　　)

4. 当温度适宜时，昆虫对湿度的适应范围就会宽些。（　　）

5. 不同昆虫对温湿系数的要求不同，同种昆虫的不同世代对温湿系数的要求也不同。（　　）

6. 棉蚜要求的温湿系数为3，所以只要平均相对湿度与平均温度的比值为3，都对棉蚜有利。（　　）

7. 因为不同的温度和湿度可以组成相同的温湿系数，所以它们对昆虫的作用都是相同的。（　　）

8. 光的不同颜色不但能影响昆虫觅食，也能影响昆虫产卵。（　　）

9. 夜出性昆虫大多数都没有趋光性。（　　）

10. 风可以把一些昆虫带到1000千米开外。（　　）

11. 土壤湿度直接影响土栖昆虫的分布。（　　）

12. 细胸金针虫和沟金针虫都喜欢在干旱的平原旱地活动。（　　）

13. 金针虫喜欢生活在酸性的土壤里。（　　）

14. 昆虫的味觉很不发达，所以在选择植物时是一视同仁的。（　　）

15. 昆虫危害作物，但作物也可以影响昆虫。（　　）

16. 食物链中任何一个环节的变动都会影响整个群落组合的改变。（　　）

四、名词解释

1. 光周期　2. 食物链　3. 天敌　4. 植物的耐害性　5. 植物的抗虫性

五、问答题

1. 了解昆虫与环境的关系有何意义？

2. 有效积温定律的局限性有哪些？

3. 叙述土壤因素对土栖昆虫的影响。

4. 能否通过改变食物链中的环节而改变群落组合？简述理由。

第四节　昆虫主要目、科的识别

昆虫种类繁多，有 100 万种以上。为了控制害虫，保护和利用益虫，我们必须认识昆虫，正确地鉴定昆虫的种类；根据昆虫的特征、特性、生理、生态及亲缘关系的远近，将昆虫进行分门别类。

昆虫分类是我们识别昆虫最基本的途径，也是研究一切昆虫科学的基础。

昆虫的分类阶梯：界、门、纲、目、科、属、种。

分类以种为单位，每一种有一科学名称，称为学名，它是全世界通用的。

学名以两个拉丁文单词表示：第一个词表示属名，第二个词表示种名，最后附上定名人的姓氏或其缩写。

昆虫纲分为 34 个目，与农业生产有关的有 9 个目，包括了几乎所有的农林害虫和益虫。

第二章　植物病害的基本知识

第一节　植物病害概述

一、植物病害的定义

1. 植物病害

在植物生长发育过程中，如果遇到不良的环境条件，或遭受其他生物的侵染，其正常的生长发育就会受到干扰和破坏，在生理和组织结构上常会发生一系列的反常变化，这种现象称为植物病害。

2. 植物病害的影响

植物病害的主要影响是产量降低，品质变坏，影响经济价值。

3. 发病时间

作物不仅在生长发育过程中会发生病害，在产后贮存阶段及运输过程中也会发生病害。

植物病害

4. 病理程序

植物染病后先引起生理功能的改变，然后造成组织结构的改变，最后发病植物外表表现出病态。这些病变具有一个逐渐加深、持续发展的过程，称为病理程序。

植物受到的虫伤、机械伤、风雹等，由于没有病理程序，不称为病害。

有些植物受到生物或非生物因素的影响，发生了一些变态或畸形，这些现象对植物自身是病态，但对人类却提高了经济价值，一般不当作病害，如韭黄、蒜黄、茭白、大豆根瘤等。

蒜黄

茭白

二、植物病害的症状

1. 症状：植物发病后其外表的不正常变化称为症状。

2. 病状：发病植物本身表现的不正常状态称为病状。

3. 病征：病部表现出的病原物的特征称为病征。

4. 植物病害都有病状，而病征只有真菌、细菌所引起的病害表现明显。病毒、类病毒在植物细胞内寄生，外部没有病征表现。非传染性病害是由不利的非生物因素引起的，故也没有病征。

5. 各种病害的症状有一定的特征，又具有相对稳定性，是诊断病害的重要依据。

（一）病状类型

病原物的种类不同，对植物的影响也不同，所以病状表现也千差万别，大致分为以下几类。

1. 变色

植物病部细胞内的叶绿素被破坏，或形成时受到抑制，以及其他色素形成过多而表现的不正常颜色，称为变色。

（1）退绿：绿色叶片全叶变为淡绿色或黄绿色，称为退绿。

退绿叶片（黄瓜）

正常叶片（黄瓜）

（2）黄化：叶片均匀发黄的，称为黄化。

黄化病

（3）花叶：叶片呈现浓绿和淡绿相间的，称为花叶。

花叶病

(4) 红叶：花青素形成过盛，叶片变紫或红色，称为红叶。

红叶病

2. 斑点

斑点是植物病部细胞或组织坏死，但不解体，所形成的各种各样的坏死斑。斑点颜色不一，有褐斑、黑斑、灰斑、白斑等。斑点形状多样，有圆斑、条斑、角斑、轮纹斑、不规则斑等。病斑组织的坏死程度不一，有退绿斑、坏死斑、溃疡、疮痂等。

斑点

3. 腐烂

植物病部整个组织和细胞被破坏而消解，称为腐烂，有根腐、茎腐、果腐、穗腐等。

(1) 湿腐：一般瓜果、蔬菜、块根、块茎等含水较多的幼嫩组织被病原物侵染后造成湿腐。

湿腐

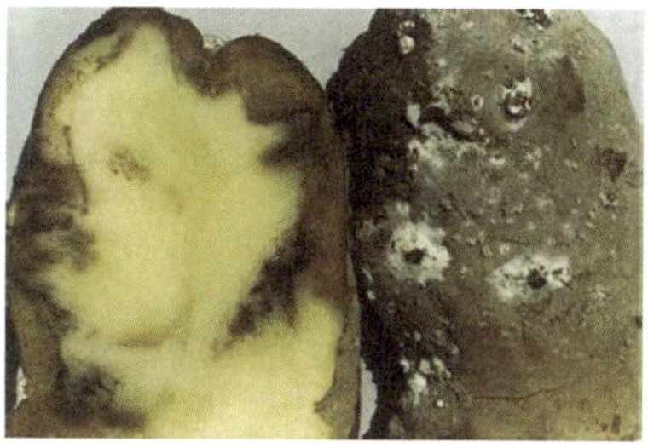

湿腐

（2）干腐：组织较坚硬，含水较少，或病组织腐烂后水分很快大量失水的，形成干腐。

干腐

4. 萎蔫

植物失水而使枝叶凋萎下垂的现象，称为萎蔫。

根、茎部腐烂都能引起萎蔫，但典型的萎蔫是根、茎部维管束受病原物侵害，大量菌体堵塞导管或产生毒素，影响细胞对水分的吸收而引起的凋萎现象。

青枯：植株急剧萎蔫死亡，叶片仍保持绿色的，称为青枯。

植物萎蔫

植物青枯

5. 畸形

植物发病后，受病原物产生的激素或毒素类物质的刺激而表现的异常生长，称为畸形。

病组织过度增生肿大，形成肿瘤。植株生长特别快，发生徒长。

植株生长受到抑制，造成矮缩、小叶、小果。

（1）玉米、棉花矮缩病。

玉米矮缩病

棉花矮缩病

（2）马铃薯小叶病。

马铃薯小叶病

（3）有的植株过度分化，造成丛枝。

泡桐丛枝病

（4）有的病组织生长不均匀，引起皱缩、卷叶。

皱缩

卷叶

（二）病征类型

病征是鉴别病原物和诊断病害的重要依据。病征往往是在病害发展到某一阶段才会出现，而有的病害根本没有病征，所以在诊断病害时必须小心。常见的病征多属真菌的菌丝体和繁殖体，而细菌性病害的病征多为胶状菌脓。病征类型有下述几种。

1. 霉状物

病部所产生的各种颜色的霉层，有霜霉、青霉、绿霉、灰霉、黑霉、烟霉等。

（1）柑橘青霉病和绿霉病

柑橘青霉病

柑橘绿霉病

（2）十字花科（萝卜、白菜、油菜等）霜霉病

霜霉病

2. 粉状物

病部产生各种颜色的粉状物。

(1) 小麦白粉病

小麦白粉病

(2) 小麦锈病（锈粉状物）

小麦锈病

(3) 玉米瘤黑粉病（黑粉状物）

玉米瘤黑粉病

3. 颗粒状物

病部产生各式各样的颗粒状物。

(1) 水稻纹枯病（褐色菌核）

水稻纹枯病

(2) 十字花科作物菌核病（鼠粪状菌核）；葡萄黑腐病（半埋于病部表皮下的小黑点）

油菜菌核病

葡萄黑腐病

(3) 柑橘炭疽病（病部小黑点）

柑橘炭疽病

4. 线状物

病部产生的白色或紫色的棉线状物。如茄科白绢病（白色丝状物）；甘薯紫纹羽病（紫红色线状物）。

茄科白绢病

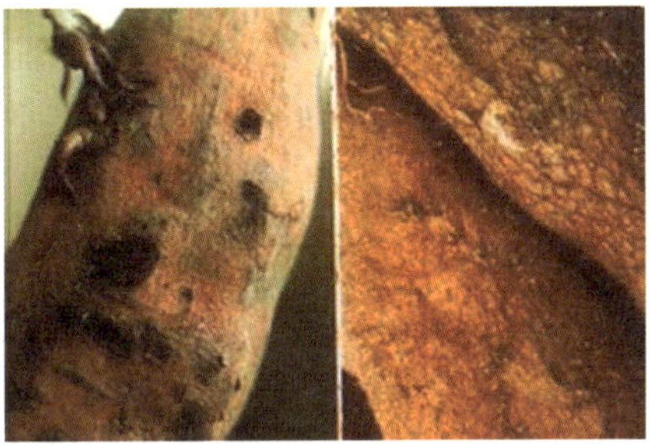

甘薯紫纹羽病

5. 脓状物

病部溢出的含细菌的脓状黏液，干后成黄褐色胶质颗粒或菌膜，是细菌性病害特有的病征。如水稻白叶枯病的菌脓。

水稻白叶枯病

三、植物病害的病原

1. 病原

引起植物发病的主要原因称为病原。

2. 病原分类

（1）非生物因素

非生物因素指周围环境的不良因素，包括不适宜的气候、土壤和栽培条件，如养分失调、水分过多过少、温度过高过低、土壤与空气中有毒物质的毒害等。非生物因素引起的病害是不能传染的，所以称为非传染性病害或生理病害。

(2) 生物因素

生物因素指能够引起植物发病的病原生物，简称病原物。

病原物有真菌、细菌、病毒、线虫及寄生性种子植物。由病原物引起的病害能够相互传染，有侵染过程，所以称为传染性病害或侵染性病害。

3. 传染性病害和非传染性病害的关系

传染性病害和非传染性病害是两类不同性质的病害，但它们之间关系密切又相互影响。非传染性病害可以导致植物生长不良，降低对病原物的抵抗力，容易诱发或加重传染性病害。有些侵染性病害发生后往往又促使非传染性病害的发生。

4. 发生条件

非传染性病害的发生取决于植物与环境条件的关系。

侵染性病害的发生除了寄主植物和病原物的相互作用外，还包括环境条件的影响。寄主植物和病原物处在同一环境中，环境条件不仅影响寄主植物的抗病性，也影响病原物的致病性。所以植物病害的发生是寄主植物和病原物在一定条件下相互作用的结果。

5. 人类的影响

人类的生产活动对植物病害的消长有十分重要的作用。

如不合理的耕作制度、种植感病品种、采用不适当的栽培措施、人为引进危险性的病原物等，都可造成某种病害的流行。所以，人们要对病害有全面的认识，在掌握病害消长规律的基础上，创造有利于农作物生长发育、不利于病原物生存的生态环境，有效地控制植物病害。

(耕作制度：耕作制度又称农作制度，是指一个地区或生产单位的农作物种植制度以及与之相适应的养地制度的综合技术体系。)

课后作业：

一、填空题

1. 作物染病后将导致产量______，品质______，影响其经济价值。
2. 作物染病后先________，然后________，最后________。
3. 非传染性病害是由________引起的，故无______。
4. 病状的类型有______、______、______、______、______。
5. 变色的原因是__________________。
6. 病征是______和________的重要依据，常见的病征多属于真菌的______

和________。

7. 病征主要有五类分别是______、______、______、______、______。

8. 脓状物是______性病害的特有病征。

9. 由______引起的病害是不传染的，又称______或______。

10. 传染性病害由________引起，也称________。

11. 非侵染性病害的发生取决于________与______的关系。

二、选择题

1. 没有病理程序的是(　　)。

A. 腐烂　　B. 斑点　　C. 虫伤　　D. 霉变

2. 花青素形成过盛会导致(　　)。

A. 褪绿　　B. 黄化　　C. 花叶　　D. 红叶

3. 下列病状中不属于畸形的是(　　)。

A. 青枯　　B. 丛生　　C. 小果　　D. 徒长

三、判断题

1. 作物只在生长发育期间发生病害。(　　)

2. 虫伤、风雹伤、机械伤都影响作物的生长发育，因此都是病害。(　　)

3. 所有的植物病害都是对人类不利的。(　　)

4. 植物病害都有病状。(　　)

5. 病毒性病害外部没有明显的病征表现。(　　)。

6. 植物病部局部组织坏死，但不解体，称为腐烂。(　　)

7. 腐烂分为湿腐和干腐两种情况。(　　)

8. 传染性病害由生物因素引起，非传染性病害由非生物因素引起，因此二者之间无任何关系。(　　)

9. 植物病害的发生是寄主植物和病原物在一定条件下相互作用的结果。(　　)

四、名词解释

1. 植物病害　2. 症状　3. 病状　4. 病征

五、问答题

1. 传染性病害和非传染性病害的关系是怎样的？

2. 怎样通过生产活动来控制作物病害？

第二节　植物病害主要病原物的识别

一、病原真菌

自然界中分布极广，种类很多。从沙漠到绿洲，从海底到高空，地球上凡是有空气的地方就有真菌。已知真菌有十几万种，大多数为腐生。

许多真菌是有益真菌。不少真菌本身就是美味的食用菌，如香菇、木耳等。

香菇

木耳

有的是用途广泛的名贵中药材，如灵芝、茯苓、虫草等。

灵芝

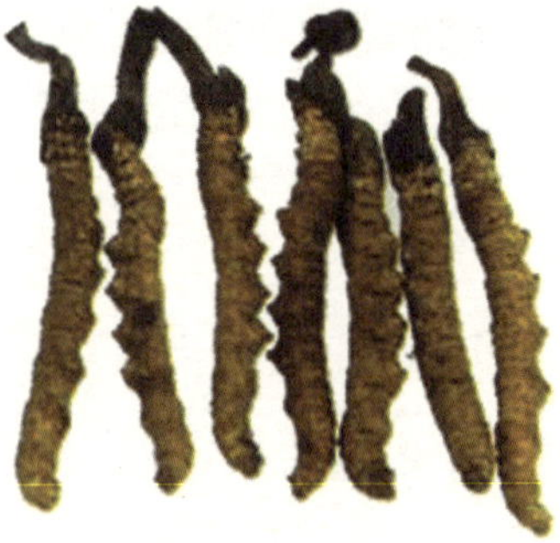

虫草

有的是工业和医药产业用微生物，常用来生产抗生素、维生素、有机酸、酶制剂等。有些真菌可用于病虫害的防治。

有些真菌对人类是有害的。如引起物品霉变。有的有剧毒，如毒蘑菇。

毒蘑菇

有些真菌能引起人畜病害。寄生植物的真菌能引起植物病害，称为植物病原真菌。目前植物病害中真菌性病害占绝大多数，几乎每种作物都有几种真菌性病害，多的有几十种。

真菌有营养体和繁殖体，营养体是菌丝体，繁殖体是无性孢子和有性孢子。

真菌所致病害的特点：常在寄主发病部位表面长出霉状物、粉状物、黑点状物等，是真菌病害的重要标志。

二、植物病原细菌

植物病原细菌的特点：原核生物，单细胞，具细胞壁，无完整的细胞核，但有核质区。大多数杆状，多数有鞭毛。繁殖方式是裂殖。

细菌所致病害的特点：病状有坏死、腐烂、萎蔫、畸形。病征是脓状物。

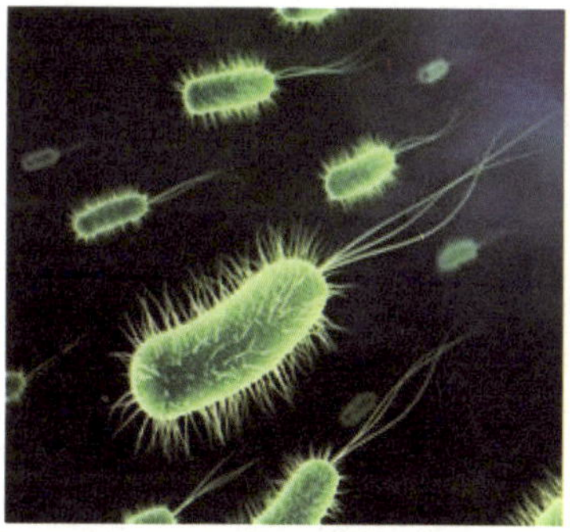

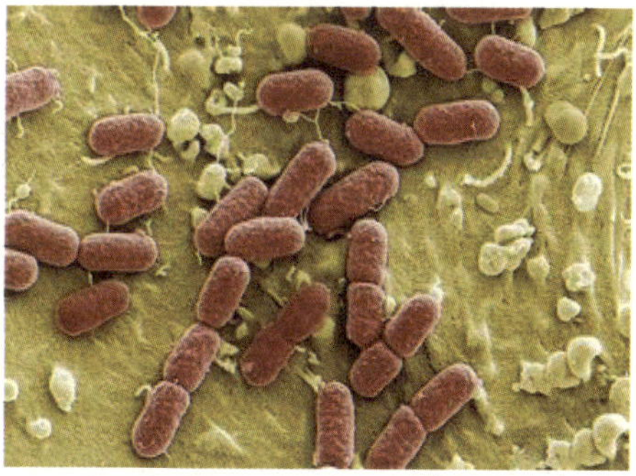

显微镜下的细菌

三、植物病毒

植物病毒病数量仅次于真菌病害。植物病毒是超微的、结构简单的细胞内寄生物。普通光学显微镜下无法看到，必须在电子显微镜下才能看到。

结构特点：一是没有细胞结构；二是颗粒内只含有一种核酸（DNA 或 RNA）。植物病毒是细胞内寄生物，所以没有明显的病征。

植物被病毒侵害后常见的症状有花叶、黄化、斑驳、皱缩、矮化、丛枝、畸形等。

四、植物病原线虫

植物病原线虫是一种低等动物，属于无脊椎动物线虫纲，分布广，种类多，大多数在土壤和水中腐生，有少数能寄生在植物中，引起严重的线虫病。

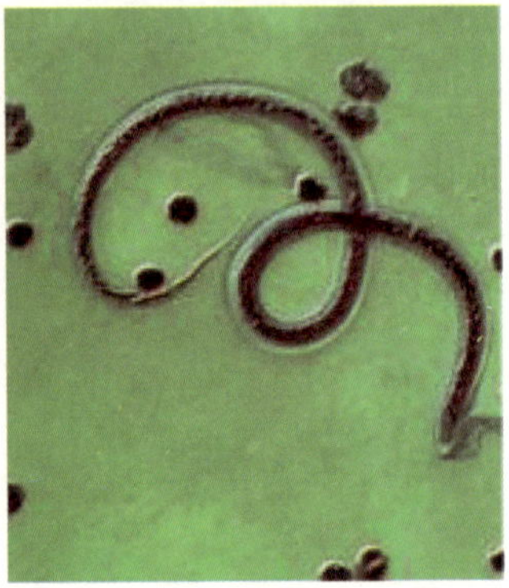

线虫

线虫病主要症状：植物生长缓慢、衰弱、矮小、色泽失常、叶片黄萎，类似于营养不良。

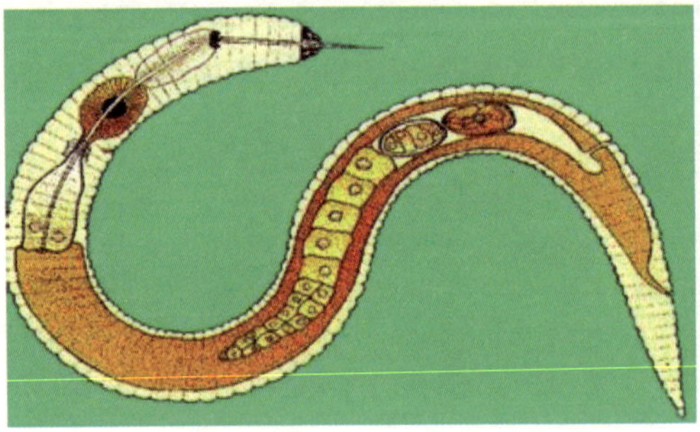

线虫及患病棉花

五、寄生性种子植物

寄生性种子植物自身的根系或叶片退化，需要寄生在其他高等植物上才能生存，才能开花结果，如菟丝子、列当、桑寄生、槲寄生等。

菟丝子

列当

桑寄生

槲寄生

六、植物病害的诊断

诊断目的：查明植物发病的原因，确定病原的种类，然后根据病原特征和发病规律对症处治，及时有效地防治病害。

（一）非侵染性病害的诊断

（1）调查病害现场，了解病害发生的情况，病害现场环境变化情况及栽培管理情况，做出初步判断。

（2）观察症状，检查病原物及剖析寄主组织，排除侵染性病害的可能。

（3）进行治疗诊断或专项检测。在初步诊断的基础上，对怀疑因素进行诱发，专项化验或利用指示植物检测，确定病原。

指示植物：一定区域范围内能指示生长环境或某些环境条件的植物种、属或群落。

非侵染性病害的特点：

（1）大面积同时发生，田间分布比较均匀，受地形阻隔的田块不被传染。

（2）没有病征。

（3）田间没有明显的发病中心，没有从点到面的扩散过程，没有传染性。

（4）病害发生与环境条件，栽培措施有密切关系，采取适当措施可使病状恢复。

（二）传染性病害的诊断

由病原物引起，都有传染性，具有明显的由点到面的特征，即存在一个由发病中心逐渐向四周扩大的发展过程。有些扩展还与某些昆虫活动有关系。一般经过田间观察、症状鉴别，可以做出初步诊断。

1. 真菌性病害初步诊断

大多数在病部有明显的病征，诊断时可以用放大镜观察病原物，或挑取病原物制片，在显微镜下观察，确定病原物种类。

要区别是致病菌还是腐生菌，比较可靠的方法是选择新鲜的病斑保湿培养，待新鲜病斑上长出病原物再制片镜检。

2. 细菌病害诊断

细菌性病害的病状有腐烂、斑点、萎蔫、溃疡、畸形等。共同特点是病部有菌浓溢出，干后呈黄色胶状颗粒状物或灰白色菌膜。病组织中含有大量细菌。切片镜检，观察有无喷菌现象是细菌病害区别其他病害的最方便易行又可靠的方法。对于一些易混淆的相似症状，剖视病组织也可帮助诊断。

如番茄萎蔫：病茎维管束变褐色的是真菌性枯萎病；用手挤压病茎横切面，有乳白色黏液渗出的是细菌性枯萎病。

再如瓜果腐烂：病组织带有恶臭味的是细菌性软腐病；没有臭味，但伴有白色棉腐状物的是瓜类疫病。

番茄真菌性枯萎病

3. 病毒病害的诊断

病毒病害的症状是花叶、黄化、矮缩、畸形，没有病征。

病毒病害的特点：

（1）田间病株多是分散、零星分布，没有规律性。

（2）昆虫传播的病毒病与昆虫的活动紧密相关。

（3）田间病毒病往往有复合感染（两种病毒同时感染）现象，症状与单一感染的不同，有的病毒病随温度的变化有隐症现象（一种病害的症状出现后，由于环境条件的改变或使用农药治疗后，原有症状逐渐减退直至消失的暂时现象）。

4. 植物线虫病害的诊断

放大镜即可看到虫体，易诊断。

5. 寄生性种子植物的诊断

直接观察即可诊断。

6. 疑难病害的进一步诊断

必须按照柯赫氏法则进行，它是世界上公认的确定侵染性病害病原物必须完成的操作规程。分四步：

（1）病原物必须在发病部位，并与症状密切相关。

（2）必须离体培养或在人工培养基上分离获得该病原物，并进行纯化培养（纯化培养就是对单一的微生物进行增殖，把目标菌从样品中的其他杂菌分离培养出来，再把目标菌单独挑出来进行增殖培养）。

（3）将纯化培养的病原物接种到同种植物的健株上，产生与原来相同的症状。

（4）从接种发病的植株上再分离，获得与原接种完全一致的病原物。

原则上所有侵染性病害的病原物都必须完成上述操作规程，才能得到确认。但一些专性寄生物目前无法人工培养，则可用其他试验方法来证明。

课后作业：

一、填空题

1. 病原物包括______、______、______、______及______等。
2. 在寄主发病部位长出______、______、______是真菌性病害的重要标志。

二、选择题

1. 在植物病害中，（　　）性病害占绝大多数。

A. 细菌　　B. 真菌　　C. 病毒　　D. 线虫

2. 细菌侵害植物的（　　）以后可以引起萎蔫。

A. 筛管　　B. 导管　　C. 维管束　　D. 吸管

三、判断题

1. 地球上凡是有空气的地方就有真菌。（　　）
2. 真菌中既有对人类有益的也有对人类有害的。（　　）
3. 真菌性病害的普遍程度可以用“几乎每种作物都有几种真菌病害”来形容。（　　）

四、问答题

1. 植物病害诊断的目的是什么？
2. 非侵染性病害的特点是什么？
3. 所有侵染性病害诊断必须完成的四个操作规程是什么？
4. 细菌引起的软腐病和真菌引起的瓜果腐烂有何区别？

第三节　植物侵染性病害的发生发展

植物从遭受病原物的侵染到发病，从个体发病到群体流行，都是在一定的外界环境条件包括人为活动的影响下，寄主植物与病原物相互作用的结果。掌握植物侵染性病害的发生发展和流行规律，是制定防治策略，确定防治措施的重要依据。

一、病原物的致病性和寄主植物的抗病性

（一）病原物的致病性

植物病原物都是寄生物，寄生物一般都有诱发病害的能力。所以，病原物既有寄生性又有致病性，两者之间有联系又有区别。

1. 病原物的寄生性

病原物的寄生性是指病原物从活的细胞和组织中获得养分而生存的能力。

（1）根据寄生能力的强弱分

① 专性寄生物：这类寄生物寄生能力最强，只有从活的寄主细胞中获得养分才能生存。当寄主细胞和组织死亡后，寄生物也停止生长和发育。一般不能在人工培养基上培养。

如病毒、植原体、寄生性种子植物等。

② 非专性寄生物：这类寄生物既能寄生又能腐生，因此都能在人工培养基上培养。它们的寄生性有强有弱。如大多数的病原真菌和病原细菌。

有些病原物通常在植物活体上寄生，寄主死亡后还能在其残体上腐生。

另有一些病原物，无性阶段寄生性很强，常引起寄主植物各部分发病，但其有性阶段寄生性弱，主要在寄主残体上营腐生生活。

（2）寄生专化性和生理小种

① 寄生专化性：在长期寄生过程中，寄生物种内不同个体对寄主植物的某些种和品种产生了寄生适应性，而逐渐失去了在其他种和品种上的寄生能力，这种寄生物对寄主种和品种的寄生选择性，称为寄生专化性。寄生专化性最强的表现是生理小种。

② 生理小种：生理小种是病原物的种内形态相同、对寄主植物的致病能力不同的专化类群。

生理小种的划分是人为的，它是根据病原物在一组鉴别品种上致病性的表现

强弱鉴定出来的。

寄生专化现象在很多病原物中是普遍存在的。

细菌中的生理小种一般称为菌系，病毒中的生理小种称为毒株或株系。

2. 病原物的致病性

病原物的致病性是指病原物对寄主植物的破坏和毒害的能力。

病原物的寄生性并不等于致病性，寄生性强的病原物对寄主组织的直接破坏性反而小；寄生性弱的病原物对寄主组织的直接破坏性反而大。

专性寄生物和寄生性强的病原物由于要从活的细胞中吸收养分，入侵寄主后并不马上杀死细胞，其致病作用较缓慢，但不等于不引起严重病害。

非专性寄生物虽然寄生性较弱，但它们入侵寄主后，由于酶或毒素的作用，很快杀死寄主细胞，使其腐烂，然后从细胞中吸取养分。随着病菌在寄主组织中的不断扩散，它对寄主的破坏作用愈加明显。

病原物对寄主植物的致病作用表现为：

（1）掠夺寄主植物的营养和水分，使寄主植物生长不良。

（2）分泌果胶、纤维素酶等各种酶，直接或间接破坏寄主植物的细胞和组织。

（3）产生多种毒素，毒害和杀死寄主细胞。

（4）分泌生长激素类物质，干扰寄主植物的正常生理功能，使其畸形生长。

病原物的致病性是决定病害发生的重要因素，但不是唯一因素。一种病害能否成灾，是在一定环境条件下，多种因素协调作用的结果。

（二）寄主植物的抗病性

寄主植物的抗病性是植物抵抗病原物侵入的一种遗传特性。这种特性具有相对稳定性，也可以发生变异。

1. 植物抗病性的表现

依据抗病性的强弱分为以下四种。

（1）免疫：寄主植物完全不发病。

（2）抗病：寄主表现轻微发病，病原物被限制在很小的范围内，不能扩展，对寄主的危害不大。

（3）耐病：寄主植物能够发病，症状也明显，但由于寄主自身的补偿作用，对寄主的产量和质量影响不大。

（4）感病：寄主发病严重，表现出典型症状，对产量和质量影响很大。

2. 植物抗病性的类型

（1）垂直抗性：寄主的品种对病原物的某一个或几个特定的小种是高抗或免疫的，而对其他小种是感病的。

具有这种抗性的品种与病原物的生理小种之间有特异性的相互关系，所以又称小种专化抗病性。

优点：垂直抗性由主效基因控制，抗性效能高，表现明显。

缺点：易因病原物小种的改变而丧失抗性。

(2) 水平抗性：指寄主品种对病原物的绝大多数小种都具有同等水平的抗性，寄主品种与病原物小种之间没有明显的特异性相互作用，所以，又称非小种专化抗病性。

水平抗性由微效基因控制，一般表现为中度抗性，但抗性比较稳定，不会因病原物小种的变化丧失抗病性。

水平抗性的田间表现为病害发展缓慢，不会流行成灾。

3. 植物的抗病机制

(1) 避病

不是植物本身的抗病性，而是寄主植物由于某一因素避开了病原物的侵染而减轻发病或不发病。

例如：作物的感病阶段避开了病原物的盛发期，因而避开了病原物的侵染。

株型或形态结构减少了与病原物接触的机会，表现抗病。避病不是真正的抗病，但仍有运用价值。

(2) 抗侵入

由于植物的形态特性、表皮组织结构及体表分泌物等，阻止病原物的侵入或减少病原物侵入的机会，称为抗侵入。

例如：水稻表皮细胞硅质化程度高，抗稻瘟病病菌的能力强。金柑的气孔分布稀，数量少，因而抗溃疡病菌的侵入。

(3) 抗扩展

由于植物内在的因素，病原物侵入后不能在寄主体内生存，或被限制不能扩展的特性，称抗扩展。

过敏性坏死是典型的抗扩展反应，即有些寄主受到病原物的侵染时，侵染点细胞高度敏感，细胞迅速坏死，病原物被封杀在坏死组织内，不能生存或不能扩展。

病原物侵入后导致寄主植物细胞壁木质化或木栓化，或细胞形态发生变化和产生植保素等，都是寄主植物抵抗病原物扩展的重要表现。

注：木质化：细胞壁由于细胞产生的木质素的沉积而变得坚硬牢固，增加了植物支持重力的能力。

木栓化：是细胞壁内渗入了脂肪性的木栓质的结果。木栓化的细胞壁不透水和空气，细胞内原生质与周围环境隔绝而死亡。木栓化细胞有保护作用，如树皮外面的粗皮就是由木栓化细胞组成的木栓组织。

植保素：是植物受病原微生物侵害时自身产生的一类起防卫作用的化合物。

二、植物侵染性病害的侵染过程

植物侵染性病害的侵染过程是指病原物侵入寄主植物，到寄主植物表现发病的全过程，简称病程。

侵染过程是一个连续的过程，为了便于分析，一般分为接触期、侵入期、潜育期和发病期四个时期。

（一）接触期

接触期指病原物通过一定的传播途径到达寄主，并与寄主建立接触关系的时期。病原物的繁殖体或休眠体通过各种途径传播到寄主的感病点。

病原物：病原物与寄主接触后，在寄主表面或根周围常有一段入侵前的活动阶段。真菌孢子的萌发、细菌的分裂繁殖、线虫卵的孵化，这些生长活动有助于病原物的侵入。

病原物与寄主有一系列的识别活动，只有完成这些识别活动后才能进入实质性的侵入阶段。

病原物受到的影响：寄主体表的淋溶物和根周围存在的各种分泌物，有的可以促使真菌休眠体和孢子的萌发，有的可以引诱病原物聚集。

存在于植物体表或土壤中的拮抗微生物（拮抗作用指一类微生物抑制或杀死它类微生物的作用，拮抗作用是微生物界的普遍现象）可以抑制病原物的活动。

环境中的温度和湿度可以促进或抑制病原真菌孢子的萌发。接触期是病原物比较脆弱的时期，是防止病原物侵染的有利时期。

（二）侵入期

从病原物侵入寄主开始，到与寄主建立寄生关系为止的时期，称为侵入期。

1. 侵入途径

（1）直接侵入

病原物在寄主体外可以直接穿透寄主植物表皮的角质层而侵入寄主。

（2）自然孔口侵入

病原物可以通过植物的自然孔口（气孔、水孔、皮孔、蜜腺、柱头）进入植物体内。

（3）伤口侵入

病原物可以经植物体表的各种伤口（虫伤、斑伤、冻伤、机械伤、自然裂伤、落叶叶痕）侵入寄主体内。

真菌的侵入途径：直接侵入、自然孔口侵入、伤口侵入，但大多数真菌是直接侵入。

细菌的侵入途径：自然孔口侵入、伤口侵入。

注意：从伤口侵入的细菌，不一定都能从自然孔口侵入，但从自然孔口侵入的细菌，都能从伤口侵入。

病毒、类病毒、植原体侵入途径：只能从微伤口侵入，或经昆虫口器传入寄主体内。

2. 环境条件对侵入的影响

在影响病原物侵入的各种环境中，湿度和温度尤为重要。这也是我国温暖湿润的南方，比干旱寒冷的北方病害发生多的原因。

湿度的影响：湿度对病原物侵入的影响最大。因为大多数真菌孢子的萌发和细菌的繁殖都必须在有水的情况下才能进行。一般来说，植物表面保持相当湿度，并有水膜存在是病原物侵入的必要条件。

温度的影响：温度主要影响孢子的萌发和病原物侵入的速度。在最适温度下，孢子萌发的速率高，萌发所需时间短，侵入率也随之提高。离开最适温度越远，孢子萌发所需时间越长，甚至不能萌发。

注意：在植物病害发生的季节里，温度一般可以满足侵入需要，而湿度变化较大，所以湿度常常成为病原物侵入的限制因素。

（三）潜育期

从病原物侵入寄主建立寄生关系开始，到寄主表现明显症状为止的时期，称为潜育期。

潜育期是病原物在寄主体内吸收营养并不断扩展蔓延的时期，也是寄主与病原物相互斗争的时期。

1. 病原物从寄主获得营养的方式

在病原物与寄主的相互关系中，营养关系是最基本的关系。病原物必须从寄主细胞获得养分和水分，才能生存繁殖。

病原物获得营养的方式：

（1）活体营养寄生型

病原物侵入寄主后，并不立即杀死细胞，通常是菌丝在细胞间扩展，以吸器深入细胞内吸收养分。如锈菌、白粉菌、霜霉菌等专性寄生物。

（2）死体营养寄生型

病原物产生酶和毒素先杀死寄主细胞，再从死亡的细胞中吸收养分。属于这一类的都是非专性寄生物。

2. 病原物在寄主体内的扩展

局部侵染：病原物局限在侵染点附近，形成局部的或点发性的侵染，称局部侵染。特点是潜育期短。

系统侵染：病原物从侵染点向多个部位蔓延，甚至扩展到全株，称系统侵染。特点是潜育期较长。

3. 影响潜育期的环境因素

不同病害的潜育期长短不一样。同一病害影响潜育期长短的因素主要是温度。在适宜的温度范围内，病原物生长发育速度最快，潜育期也最短。温度过高或过低都会限制病原物的发育，此时潜育期将延长或终止发育。湿度对潜育期的影响，远不如温度重要，因为病原物侵入寄主后，不受空气湿度的影响，寄主细胞内有足够的水分满足病原物生长繁殖的需要。

潜伏侵染：病原物侵入寄主后，受寄主抗病性作用或对寄主体内环境不适宜，病原物在寄主体内潜伏而不表现症状现象，称潜伏侵染。

（四）发病期

从寄主出现明显症状开始，到病害进一步发展而发病的时期，称为发病期。此时期，病原物在寄主感病部位不断繁殖，构成各种特征的病征。

真菌病害，在病部产生大量无性繁殖体，新产生的大量繁殖体可成为再侵染的来源。后期，一般产生有性繁殖体，用来越冬或越夏。

细菌病害在病部产生大量脓状物，含有大量的细菌个体，是再侵染来源。

发病期也受环境影响，高温高湿有利于繁殖体的产生，有利于病害流行。

三、植物病害的侵染循环

侵染循环是指病害从一个生长季节开始发病，到下一个生长季节再度发病的过程。

三个环节：病原物的越冬和越夏；病害的初侵染和再侵染；病原物的传播方式。

（一）病原物的越冬和越夏

病原物的越冬和越夏，实际上就是寄主植物收获后，病原物怎样度过寄主非生长季节，并引起下季再度发病的问题。

一般病原物的越冬越夏场所是下一生长季节病害发生的初次侵染源。了解病原物越冬越夏的场所和方式，及时消灭或减少病原物，可减轻下一季节病害的发生。

病原物越冬越夏场所有以下几种。

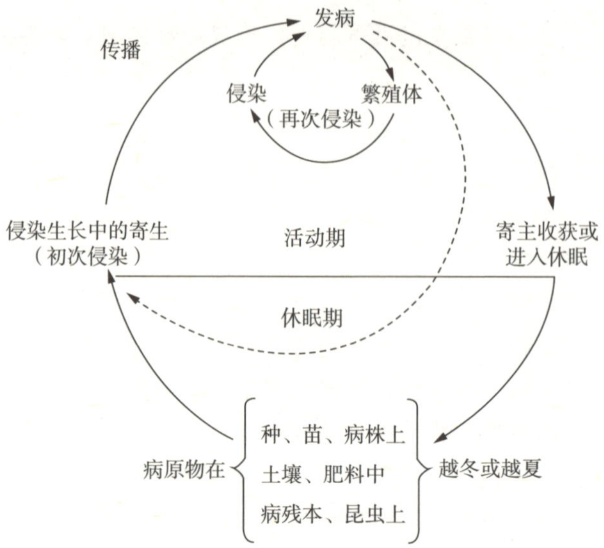

植物病害侵染循环示意图

1. 田间病株

两年生或多年生的田间病株，不仅是当年的病原物来源，往往也是病原物休眠越冬的场所。有的病原物能在一年生的病株内越冬越夏。

如：小麦秆锈病菌，在北方不易越冬，在南方不易越夏，所以，多在南方冬种小麦上越冬，在南方小麦上产生夏孢子由气流传到北方，成为北方小麦秆锈病的初侵染来源，病菌在北方小麦上越夏，然后又传到南方。

病原物也可以在野生寄主和转主寄主上越冬越夏。所以，用处理田间病株、清洁田园、铲除杂草等方式消灭病原物的初侵染来源，可以控制病害的发生。

2. 种子、苗木和其他繁殖材料

菌核、菟丝子、线虫的虫瘿混在种子中越冬越夏。黑粉菌厚壁孢子黏附在种子表面越夏。小麦散黑穗病的菌丝潜伏在种子内越冬。不少病原物可以潜伏在苗木、接穗、块根、块茎中或黏附在其表面越冬越夏。播种前对种子苗木进行消毒可以有效控制病害的扩散。

3. 土壤

土壤是多种病原物越冬越夏的主要场所。

病株上或病残体上的病原物都很容易掉落在土壤里，成为下一生长季节的侵染源。有些病原物可以在土壤中存活一年或多年。有些真菌和细菌可以在土壤中营腐生生活。

土壤寄居菌。在土壤中的病残体上营腐生生活，病残体分解腐烂，病原物也逐渐死亡。

土壤习居菌。能单独在土壤中生活，适应性强，并且能够进行繁殖，是多种土传病害的病原菌。

冬季耕翻土壤，或播前对土壤进行药物处理可以杀死部分病原物。

4. 病株残体

绝大多数非专性寄生的真菌、细菌都能在感病寄主的枯枝、落叶、落果、残根等组织中生活，并以腐生的方式越冬越夏。作物收获后及时清洁田园，处理病残体，有利于杜绝病害的初侵染来源。

5. 肥料

不少病原物可随病残体或休眠组织混入各类肥料中，若肥料未充分腐熟又可以随肥料进入田间，成为初侵染源。各类农家肥必须充分腐熟再使用，防止病原物在田间造成危害。

6. 传病介体

经昆虫等传病介体传播的持久性病毒，在传播昆虫体内越冬越夏。

（二）病原物的传播

越冬越夏的病原物必须传播到感病寄主植物上，才能发生初侵染。植物发病后产生的新的病原物也要经过传播才能引起再侵染。

病原物的传播方式有以下几种。

1. 主动传播

主动传播是病原物自身的活动引起的传播。如真菌游动孢子和有鞭毛的细菌可在水中游动传播；有些真菌孢子可自动放射传播；真菌的菌丝、菌索能在土壤中和寄主上蔓延；线虫在土壤中或寄主上蠕动；菟丝子经过茎蔓生长而扩展传播。

真菌孢子放射

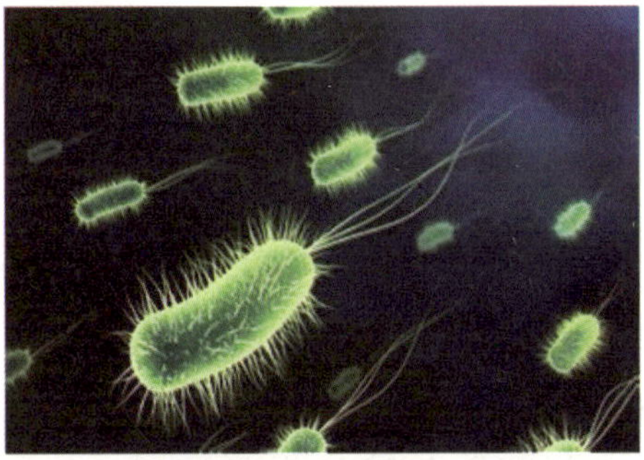

细菌鞭毛摆动

菌丝蔓延

菟丝子经过茎蔓生长

主动传播的距离和范围有限，在病原物的传播为害过程中起辅助作用。

2. 被动传播

病原物借助外力进行的传播，其作用远大于主动传播。

（1）气流传播

气流传播是病原真菌传播的主要方式。病原真菌孢子数量大，体积小，质量轻，容易随气流传播。有些真菌的子实体还有特殊的功能，可将孢子弹射到空中，有利于气流的传播。

细菌和病毒不能直接靠气流传播，但带有细菌的病残体可随风飘扬，病毒的媒介昆虫有些也可以借气流做远距离传播，风力对它们的传播起间接作用。

特点：传播速度快，传播距离远，涉及的面积广。

气流的传播距离不等于传播的有效距离。病原物的繁殖体在传播过程中可能会死亡，而活着的必须遇到感病寄主，在适宜的环境条件下才能引起侵染。气流传播的有效距离取决于病原物的耐受力、寄主的抗病性、风向、风速、温湿度、光照等条件。气流传播的病害防治较困难。

（2）雨水传播

雨水传播是普遍存在的，但其传播距离较近。

植物病原细菌和部分具有胶性的真菌孢子必须经雨水溶解后，才能散出或随水滴的飞溅而传播。所以雨水是这类病原物传播的必不可少的条件。暴风雨可使病原物在田间大范围传播。雨水还可以将病株上的病原物冲洗到下部或土壤中，土壤中的病原物又可随流水传播，借助水滴的飞溅，把土壤表面的病原物传播的距离地面较近的寄主组织上。

3. 昆虫及其他生物传播

昆虫是传播病毒、类病毒、植原体等病原物的主要传播介体。昆虫对病原真菌和细菌也有一定的传播作用。昆虫不仅携带病原物，还为害寄主造成伤口，对发病有促进作用。

4. 人为传播

人们在进行农业活动中，常无意识地帮助病原物传播。如调运种子、苗木、接穗、植物产品及包装材料；施用带有病残体而又未充分腐熟的农家肥；各种农事操作。

人为传播帮助病原物克服了自然条件和地理条件的限制，造成了病区的扩大和新病区的形成。人为传播是非常危险的，应加强防范。

（三）病害的初侵染和再侵染

1. 初侵染

越冬越夏后的病原物在寄主生长季节进行的第一次侵染，称为初侵染。

2. 再侵染

初侵染感病后新产生的病原物通过各种传播途径引起的侵染，称为再侵染。

3. 侵染性病害的分类

根据有无再侵染分为以下两类。

一类是在作物生长季节发生初侵染后，还有多次再侵染的病害。

特点：只要环境适宜，再侵染次数多，病程短，田间病情发展快，因而易流行。防治时，除了控制初侵染源，在寄主生长季节还要根据田间病害发展情况和环境条件采取各种有效措施进行防治。如水稻稻瘟病、小麦锈病、小麦白粉病。

另一类是在一个生长季节中只有初侵染，没有再侵染或再侵染不很重要的病害。

特点：田间的发生程度决定于初侵染量的多少。初侵染量大，发生重；初侵染量小，发生轻。防治时，只要集中力量消灭初侵染源或防止初侵染的发生，就能控制。如小麦黑粉病、棉花枯萎病、棉花黄萎病。

四、植物病害的流行

1. 病害流行

病害流行是指植物病害在一个地区短时期内大面积严重发生，并对作物造成重大损失的现象。

2. 植物病害流行的基本因素

侵染性病害的发生是由寄主植物、病原物、环境条件三方面因素综合作用的结果。侵染性病害流行的因素与植物病害发生的因素基本一致，即有大量的感病寄主植物、有强致性的病原物、适宜的环境条件，三者缺一不可，只要有一个因素不具备，病害就不可能流行。

（1）大量的感病寄主植物

病原物没有碰到感病的寄主植物，病害就不会发生。因此感病寄主的数量和分布是病害能否流性以及流行程度的基本因素之一。大面积种植同一感病品种，容易造成病害流行。即使是抗病品种，若长期单一大面积种植，也会因病原物小种的变异而造成病害流行。因此，在制订种植计划时，要考虑到品种的合理布局和品种轮换，以减轻病害流行程度。

（2）强致性的病原物

有强致病性的病原物存在是病害流行的先决条件。病原物生理小种的变化，即新的生理小种的产生往往是引起病害流行的重要因素。对于只有初侵染没有再侵染的病害，其流行程度取决于越冬越夏的初侵染菌量；对于有多对于有多次再侵染的病害，其流行程度不仅取决于越冬越夏的初侵染菌量，还取决于病原物的繁殖速度和再侵染的次数，若病害潜育期短，原物繁殖速度快，积累多，再侵染次数多，病害就容易流行。

（3）适宜的环境条件

在前两个因素具备的前提下，病害能否流行，在很大程度上取决于环境条件。环境条件主要是气象条件、土壤条件和栽培条件。气象条件中以温度、湿度和光照对病害流行影响很大；栽培条件中轮作或连作、水肥管理、品种布局和病害流行的关系密切；土壤条件主要是土壤温度、湿度和土壤特性对寄主植物的根系和土壤中病原物生长繁殖的影响。

2. 植物病害流行的类型

（1）单循环病害

单循环病害是指在一个生长季节中，只有初侵染没有再侵染，或虽有再侵染，但作用很小的一类病害。如小麦黑穗病、线虫病，棉花枯、黄萎病，小麦黑粉病、丛矮病。此类病害多为种传或土传的全株性病害。病害流行的程度主要取决于越冬越夏的初侵染菌量。这类病害发生的特点是初次发病后，田间发病率就基本稳定，病害潜育期长，受环境条件的影响小。病原物的数量是逐年积累的，若干年后才能达到流行程度。因此，也称为“积年流行病害”。

（2）多循环病害

多循环病害是指在一个生长季节中，不仅有初侵染而且有多次再侵染的一类病害，如稻瘟病、小麦锈病、白粉病、软腐病等。这类病害主要由气流和雨水传播。其发生程度主要取决于初侵染菌量的多少和再侵染的次数。田间病害的发生有一个明显的由点到面、由少到多的发展过程。这类病害的特点是寄主感病时期长，病害的潜育期短，受环境条件影响很大，田间病害数量增长很快，可以在一个生长季节内完成菌量积累，造成病害流行，因而又称为“单年流行病害”。

课后作业：

一、填空题

1. 病原物既有__________性，又有__________性。

2. 专性寄生物的______最强，只有从______获得养分才能生存。

3. 非专性寄生物既能______，又能________，因此都能在人工培养基上培养。

4. 寄生专化性最强的表现是________。

5. 细菌中的生理小种一般称________，病毒中的生理小种称________或________。

6. 病原物对寄主致病作用，主要有四个方面，即______、______、______、______。

7. 植物的抗病性表现为______、______、______、______。

8. 植物的抗性分为________和__________两类。

9. 垂直抗性是由______控制，表现明显，抗性效能高，缺点是________。

10. 抗侵入是由于植物的______、______及________等，阻止病原物的侵入或____________。

11. ____________是典型的抗扩展反映。

12. 病害侵染过程一般分为______、______、______、______。

13. 病原物侵入寄主的途径有______、______、______三种类型。

14. 病原细菌只能从________和伤口侵入寄主。

15. 在影响病原物侵入的各种环境中，______和______最为重要。

16. 温度主要影响病菌孢子________和__________。

17. 侵染循环的三个环节是______、________、________。

18. 病原物的传播可分为________和________两类。

19. 水平抗性由__________控制，不会因________而丧失抗性。

20. 线虫在土壤中的蠕动是属于传播中的__________。

21. 被动传播的方式有______、______、______、______。

22. 病毒、类病毒、植原体主要靠________传播。

23. 侵染性病害的发生是由______、________、______综合作用的结果。

24. 侵染性病害流行的三个因素是______、______、______。

25. 影响病害流行的环境条件主要是__________、__________和__________。

二、选择题

1. 属专性寄生物的是(　　)。
   A. 病原真菌　B. 病原细菌　C. 病毒　D. 子囊菌
2. 大多数真菌侵入寄主的途径是(　　)。
   A. 直接侵入　B. 自然孔口侵入
   C. 伤口侵入　D. 柱头侵入
3. (　　)是防止病原物侵染的有利时期。
   A. 接触期　B. 侵入期　C. 潜育期　D. 发病期
4. (　　)是病原物与寄主斗争的时期。
   A. 接触期　B. 侵入期　C. 潜育期　D. 发病期
5. 同一病害影响潜育期长短的主要因素是(　　)。
   A. 光照　B. 温度　C. 湿度　D. 风力
6. 病原真菌主要是通过(　　)传播。
   A. 气流　B. 雨水　C. 昆虫　D. 人为
7. 既有初侵染又有多次再侵染的是(　　)。
   A. 小麦黑粉病　B. 棉花枯病
   C. 黄萎病　D. 小麦锈病

三、判断题

1. 植物病原物都是寄生物，寄生物一般都有诱发病害的能力。(　　)
2. 即使寄主细胞和组织死亡，专性寄生物也同样可以生存下去。(　　)
3. 专性寄生物都能进行人工培养。(　　)
4. 寄生性强的病原物对寄主组织的直接破坏性反而小。(　　)
5. 专性寄生物的致病作用非常快。(　　)
6. 能否发病取决于病原物的致病性。(　　)
7. 植物的抗病性是很不稳定的。(　　)
8. 避病是指植物主动地避开病原物。(　　)
9. 病原物到达寄主表面会立即进行侵入。(　　)
10. 对于病原物而言接触期是较脆弱的阶段。(　　)
11. 从伤口侵入的细菌都能从自然孔口侵入。(　　)
12. 植物表面有水膜存在是病原物侵入的必要条件。(　　)

13. 病原物越冬越夏场所是下一个生长季节的初次侵染源。( )
14. 主动传播的距离远小于被动传播。( )
15. 再侵染次数越多说明病程越短。( )

四、名词解释

1. 病原物寄生性 2. 寄生专化性 3. 生理小种 4. 致病性 5. 病程 6. 侵染循环 7. 初侵染 8. 病害流行 9. 再侵染

五、问答题

1. 为什么非专性寄生物侵入寄主后要很快杀死寄主细胞?
2. 麦秆锈菌是如何越冬、越夏的?
3. 播种前为什么要进行种子消毒?
4. 作物收获后为什么要及时清理田园，处理病残体?
5. 靠气流传播的真菌孢子有何特点?
6. 气流传播的有效距离取决于哪些因素?
7. 为什么不能长期单一大面积种植同一品种?

第三章　植物病虫害调查统计及综合防治技术

第一节　植物病虫害的调查统计及预测预报

要搞好病虫害的预测预报和防治工作，首先必须掌握病虫害在田间的发生动态，这就需要我们经常到田间进行调查研究，对调查所得的数据进行必要的整理和分析。

调查统计不仅可以掌握病虫害的发生动态，获得准确的数据资料，更重要的是它是我们发现问题，分析、判断和解决问题的基础。因此，植物病虫害的调查统计是开展预测预报和防治工作的基础。

一、植物病虫害调查的内容

病虫害调查一般分为普查和专题调查两类。普查只了解病虫害的基本情况，如病虫种类、发生时间、危害程度、防治情况等。专题调查是有针对性的重点调查。在病虫害的防治过程中，经常要进行以下内容的调查。

1. 发生和危害情况调查

普查一个地区在一定时间内的病虫种类、发生时间、发生数量及危害程度等。对于当地常发性和爆发性的重点病虫，则应详细记载害虫各虫态的始盛期、高峰期、盛末期和数量消长情况或病害由发病中心向全田扩展的增长趋势及严重程度等，为确定防治适期和防治对象提供依据。

2. 病虫或天敌发生规律的调查

专题调查某种病虫或天敌的寄主范围、发生世代、主要习性及不同农业生态条件下数量变化的情况，为制定防治措施和保护利用天敌提供依据。

3. 越冬情况调查

专题调查病虫越冬场所、越冬基数、越冬虫态、病原越冬方式等，为制定防治措施和开展预测预报提供依据。

4. 防治效果调查

防治效果调查包括防治前与防治后、防治区与不防治区的发生程度对比调查，病虫害次数的发生程度对比调查，以及不同防治时间、采取措施等，为选择有效防治措施提供依据。

二、植物病虫害调查的取样方法

取样必须具有代表性，这是正确反映田间病虫害发生情况的重要环节。取样的地段称样点，样点的选择和取样数目的多少，是由病虫种类、田间分布类型等决定的。

最常见的病虫害调查取样方法：

1. 对角线取样法：分为单对角线（适用于田间分布均匀的病虫）和双对角线（适用于田间分布不均匀的病虫）两种。

2. 五点取样法：按面积、长度或以植株为单位选取样点，每块田取 5 个样点。适用于地块小、近方形、病虫分布较均匀的情况。

3. 棋盘式取样法：取样的样点数较多，适用于较大或较长田块，及病虫在田间分布不均匀的情况。

4. 平行线取样法：适宜于成行的作物田及病虫在田间分布不均匀的情况。

5. “Z”字形取样法：适用于田边分布较多的田块。

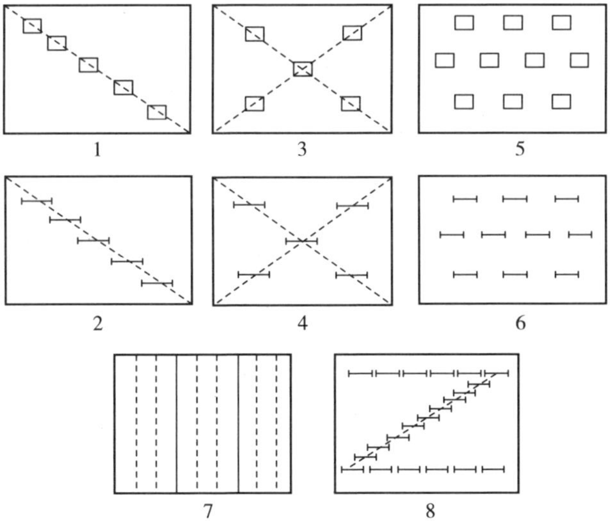

最常见的病虫害调查取样方法

1、2. 单对角线式；3、4. 双对角线式或五点式；5、6. 棋盘式；7. 平行线式；8. “Z”字形

注：取样单位及数量

1. 长度单位：用于生长密集的条播作物。一般可取每样点 0.6 米行长、1 米行长或 2 米行长等。

2. 面积单位：用于调查地下害虫、苗期或密植、撒播作物上的病、虫害，通常以平方米为单位。每个样点可取 0.5 平方米、1 平方米等。

三、植物病虫害调查的记载方法

病虫害调查记载是调查中的一项重要工作，无论哪种内容的调查都应该有记载。所有的记载都应妥善保存。记载是摸清情况、分析问题和总结经验的依据；记载要准确、简要、具体。一般采用表格形式，表格内容根据调查对象、目的进行设计。

通常在进行群众性的测报调查时，首先进行病虫发生情况的调查：一是调查病虫危害植物的发生期，以确定防治时间；二是调查病虫田间的发生数量，以确定防治对象田，即“两查两定”。

例如，防治玉米螟要进行：

(1) 查卵块，定防治田块。卵块多的要防治。

(2) 查卵色和孵化程度，定防治适期。

四、植物病虫害调查统计

1. 被害率

被害率反映病虫为害的普遍程度。

$$被害率=\frac{有虫（病）单位数}{调查单位总数}\times 100\%$$

例如，为调查某食叶害虫的为害情况，共调查 100 片叶片，其中被害叶片 70 片，计算其被害率。

解：被害率＝有虫（有病）单位数/调查单位总数×100％＝70÷100＝70％

答：被害率是 70％。

2. 虫口密度

虫口密度表示在单位面积内的虫口数量。

$$虫口密度=\frac{调查总虫数}{调查面积}$$

例如：某地调查小麦田中蛴螬为害情况，采用五点取样法，每点面积为 1 平方米，各样点活虫数分别是 7、3、5、4、6 条，求该小麦田蛴螬的虫口密度

(头/平方米)。

解：虫口密度＝调查总数/调查面积＝（7＋3＋5＋4＋6）/（1×5）＝5（头/平方米）

答：小麦田蛴螬的虫口密度是5（头/平方米）。

也可用百株虫数表示：

$$百株虫数=\frac{查得总活虫数}{调查总株数}\times 100\%$$

3. 病情指数

取样点的每个样本，按病情严重程度分级标准，调查出各级样本数据，代入公式计算出病情指数。

$$病情指数=\frac{\sum（各级病株数\times 各级代表数值）}{调查样本数\times 最高级代表数值}\times 100\%$$

例如，科研小组系统调查玉米小斑病，根据样点共查叶片220片，按其严重度分级标准，调查结果为：0级150片；1级30片；2级20片；3级12片；4级8片。求其病情指数。

$$解：病情指数=\frac{\sum（各级病株数\times 各级代表数值）}{调查总样本数\times 最高级代表数值}\times 100\%$$

$$=（30\times 1+20\times 2+12\times 3+8\times 4）\div 220\times 4$$

$$=15.68\%$$

答：其病情指数是15.68%。

4. 损失率

损失是指产量或经济效益的减少。所以，病虫所造成的损失应该以生产水平相同的受害田块与未受害田块的产量或经济总产值对比来计算，也可用防治区和不防治的对照区产量或经济总产值对比计算。

$$损失率=\frac{未受害田平均产量（或产值）-受害田平均产量（或产值）}{未受害田平均产量（或产值）}\times 100\%$$

五、植物病虫害预测预报

防治作物病虫害同对敌作战一样，必须掌握敌情，做到心中有数，知己知彼，百战百胜。病虫害的发生消长都有规律，可以进行预测预报。

预测：人们有目的地针对某种病虫的发生情况进行调查研究，结合掌握的历史资料、天气预报等，对该病害的发生趋势加以估计匡算。

预报：将预测的结果通过电话、广播、文字材料等多种形式，通知有关单位做好准备，及时开展防治。

（一）病虫害预测预报种类

1. 按预测时间长短区分

长期预测：在病虫发生半年以前就发生预报。

中期预测：在病虫发生一两个月以前发出预报。

短期预测：在病虫发生几天或十几天以前发出预报。

2. 按预测的内容区分

发生期预测：预测病虫害发生的时间。

发生量预测：预测病虫害发生的数量。

产量损失预测：预测产量损失。

（二）病虫害预测的基本方法

1. 发生期预测方法

发育进度预测方法（又称历期预测法）、物候预测法、有效积温预测法。

2. 发生量预测方法

有效积温预测法、经验指标预测法。

3. 病害的预测方法

孢子捕捉预测法、病圃预测法、气象指标预测法和噬菌体预测法。

历期：指昆虫各虫态在一定温度条件下完成其发育所要求的天数。

发育进度预测法：这种调查方法是通过对前一虫态田间发育进度（化蛹率、羽化率、孵化率等）的系统调查，当调查到其百分率达到始盛期（16%）、高峰期（50%）、盛末期（84%）的标准时，分别加上当时气温下各虫期的历期，即可推算出后一虫期的发生时期。

如：水稻二化螟越冬代化蛹率 4 月 16 日达到高峰期（即 50%），当时气温下蛹期为 16 天，则可计算出发蛾高峰期为 5 月 2 日。

发蛾高峰期＝化蛹高峰期＋蛹期

再测得产卵前期和卵期，又可预测第一代卵孵高峰期。

如当时气温下产卵前期为 5 天，卵期为 15 天，则卵孵高峰期为 5 月 22 日。

卵孵高峰期＝发蛾高峰期＋产卵前期＋卵期

以此类推，可以测知二、三龄幼虫高峰期。三龄前是害虫防治的最佳时期，对钻蛀性害虫，则应在卵孵高峰期防治。

六、我国病虫害预测预报体系

我国是世界上开展农作物病虫害预测预报工作较早的国家之一，在 20 世纪 30 年代蔡邦华就对三化螟和飞蝗的发生分布区域进行了预测。

我国的预测预报工作始终坚持专业性预测预报和群众性预测预报相结合，以省、地、县各级专业预测预报站作为预测预报体系的骨干，同时广泛建立群众性的预测预报组织，发挥群众性预测预报的作用。

我国目前已形成了从中央、省、地、县到乡级较为完善的病虫害预测预报体系，形成了机构健全、队伍稳定、有经费保障的预测预报网络。

我国病虫害预测预报体系如下：

（1）全国农业技术推广服务中心农作物病虫害预测预报站。直属于农业部，负责全国农作物病虫害预测预报和管理工作，和各省植保站互通农作物病虫害信息，并对其进行业务管理。

（2）各省（市、自治区）植保植检（病虫害预测预报站）站。直属于省农业厅，是各省农作物病虫害预测预报网络中心，承担全省农作物病虫害预测预报体系的规划、建设和相关业务管理，对市、县两级病虫害信息进行定期汇报和重大病虫害信息进行会商，做出中长期或超长期预测。

（3）市、县植保植检（病虫害预测预报站）。直属于同级农业委员会，是农作物病虫害预测预报网络的中坚力量。一般有 2～3 工作人员负责汇集、分析各乡镇预测预报点病虫害信息，进行短、中期预测，定期编写病虫害情况报告，提供技术指导，制定综合防治措施。

（4）乡镇农技站病虫害预测预报点。直属于同级乡镇政府，一般都有专人负责，定点、定期进行系统调查和分析，并及时上报调查结果。

（5）村级机防队。以村为单位成立机防队，统一配药，同一时间用药，减少了病虫害防治的盲目性，杜绝了假冒伪劣农药的危害，切实提高了农作物病虫害防治的质量和效益。

课后作业：

一、填空题

1. 调查统计不仅可以掌握______，获得______，更重要的还在于它是______的基础。

2. 病虫调查一般分为______和______两类。

3. 常用的调查取样方法有______、______、________、________、________，其中________、________取样法适用于田间分布均匀的病虫，______、________、________适用于田间分布不均匀的病虫，______则适用于田边分布较多的病虫。记载是______、______和______的依据，因此要做到______、______、______。

4. “两查”“两定”的具体内内容是：______、______。

5. 被害率反映______，而虫口密度表示______。

6. 病虫预报预测的目的是掌握______，以确定______。掌握______，以确定______和______，做好________。

7. 害虫发生期预测方法主要有______、______、______。

二、选择题

1. 在病虫害发生一两个月以前就发出预报的称(　　)期预报。

A. 超长　　B. 长　　C. 中　　D. 短

2. 农作物病虫害预测预报的中坚力量是(　　)。

A. 全国农业技术服务中心　　B. 省植保植检站

C. 市、县植保植检站　　D. 村级机防队

三、判断题

1. 取样时一定要做到随便取样。(　　)

2. 虫口密度也可以用百株虫数来表示。(　　)

四、名词解释

1. 预测　2. 预报　3. 历期

五、问答题

1. 发生和危害情况的调查内容有哪些？

2. 我们要防治的对象是害虫，为什么还要调查天敌的发生规律？

3. 市、县植保植检站的作用是什么？

第二节　植物病虫害的综合防治技术

一、植物病虫害综合防治概念

人类几千年的农业生产史，从某种意义上讲，也就是与植物病虫害做斗争的历史。以前防治方法简单，防治效果差，20 世纪 40 年代随着有机合成农药的出现，化学防治发挥了重要作用，但出现了“三 R”问题：病虫害的抗性、农药的残留、病虫害的再猖獗为害。

长期的实践证明，任何一种防治方法都不是万能的。人们在不断地探索中，逐渐形成了综合防治的观点。1975 年我国提出了“预防为主，综合防治”的植保方针。

综合防治的概念：综合防治是对有害生物进行科学管理的体系，它从农业生态系统总体出发，根据有害生物与环境之间的相互联系，充分发挥自然控制因素的作用，因地制宜协调应用必要的措施，将有害生物控制在经济允许水平之下，以获得最佳的经济、生态和社会效益。

二、植物病虫害的综合防治的几个观点

1. 经济的观点，讲究实际收入

防治的目的是控制病虫的为害，使其种群数量降低到不足以使农作物造成经济损失。虫口密度低于防治指标，就不足以造成损失，可以不防，否则，必须抓住有利时机及时防治。

2. 协调的观点，讲究相辅相成

合理运用各种防治方法，使其相互协调、取长补短，它不是许多防治方法的机械拼凑和综合，而是在综合考虑各种因素的基础上，确定最佳防治方案。综合治理并不排斥化学防治，但尽量避免杀伤天敌和污染环境。

3. 安全的观点，讲究生态效益

一切防治措施必须维护人、畜、作物、有益生物的安全，毒害小，尤其是化学防治，必须科学合理地使用农药。这样做既能有效控制病虫害，又符合环境保护原则，生态效益好。

4. 全局的观点，取得最佳防治效果

综合防治从农业生态系统总体出发制定措施，明确防治对象的发生规律及防治关键，尽可能综合协调采用防治措施，力求取得最佳的经济效益、社会效益和

生态效益。

三、植物病虫害的综合防治技术

（一）植物检疫

1. 植物检疫概念

植物检疫是根据国家颁布的法令，设立专门机构，对国外输入或国内输出，以及国内地区之间调运的种子、苗木及农产品进行检疫，禁止或限制危险性病、虫、草、鼠等有害生物的传入或传出，或者在传入以后限制其传播，消灭其为害。这一整套工作称为植物检疫，它是综合防治的前提。

外来物种的为害：

例如：20 世纪 70 年代发生在林业上的外来病虫，如美国白蛾等为害损失每年超过 2.0×10^9 元。

1982 年传入我国的松材线虫是寄生于松树体内的一种毁灭性病害，被称为“松树的癌症”，现已扩散到江苏、安徽、广东三省，$3.4\times10^4hm^2$ 松树受害，累计死树超过 1.0×10^6 株。

20 世纪 90 年代初侵入我国的美洲斑潜蝇造成严重为害，1995 年四川省损失 2.4×10^8 元，山东省达 1.1×10^9 元；

危险性杂草薇甘菊近几年随引进花卉传入我国广东、深圳、广西等地，给当地园林花卉和林木造成了很大的损失。

据不完全统计，近些年来传入我国的主要害虫 32 种、病害 26 种、杂草 60 余种，生物入侵每年给我国造成的损失高达 5.74×10^{10}元，而且还有进一步蔓延的趋势。

澳大利亚：野兔泛滥成灾。

野兔泛滥成灾

美国：亚洲鲤鱼泛滥成灾。

亚洲鲤鱼泛滥成灾

2. 植物检疫分类

植物检疫分对内检疫和对外检疫。

对内检疫又称国内检疫，主要任务是防止和消灭通过地区之间调运的种子、苗木及农产品而传播的为害性强的病、虫及杂草。对外检疫又称国际检疫，国家在机场、港口及交通要道设立植物检疫机构，对进出口和过境的应该检疫的植物及其产品进行检验和处理，防止国外新的或为害性强的病、虫、杂草输入，同时也防止国内为害性强的病、虫、杂草输出，履行国际植检义务。

3. 植物检疫对象的共同特点

（1）局部地区发生。

（2）危险性大、繁殖力强、适应性广、难以根除。

（3）可人为随种子、苗木及农产品调运做远距离传播。

（二）农业防治

1. 农业防治概念

根据栽培管理需要，结合农事操作，有目的地创造有利于植物的生长发育，不利于病虫害的发生的农田生态环境，达到抑制和消灭病虫的目的，称农业防治法。它是综合防治的基础。

2. 农业防治的优点

不伤害天敌，能控制多种病虫，作用时间长，经济、安全、有效。

3. 农业防治措施

（1）选育、推广抗病虫品种

这是一项最为经济有效的病虫防治措施。特别是病害，选用抗病品种是防治措施中最根本的途径，如转 BT 抗虫棉花、玉米等。

（2）改进耕作制度

农田长期种植一种作物，为病虫提供稳定的环境和丰富的食料，容易引起病虫的猖獗发生。合理地轮作换茬，不仅可使作物健壮生长，提高抗性，而且又可以恶化某些病虫的生活环境和食物条件，达到抑制病虫的目的；如水旱轮作。

注：耕作制度：又称农作制度，是指一个地区或生产单位的农作物种植制度以及与之相适的养地制度的综合技术体系。

轮作：在同一块田地上，有顺序地在季节间或年间轮换种植不同的作物或复种组合的一种种植方式。

（3）运用合理的栽培技术

深耕改土、改进播种、合理密植、科学施肥与灌溉、适时中耕除草改进收获方式等。

（三）物理防治法

1. 概念

利用各种物理因素和机械设备防治病虫害，称为物理防治法。优点是简单易行，经济安全。

2. 主要措施

（1）捕杀法：人工直接捕杀，或利用器材消灭害虫。

（2）诱杀法：利用害虫的趋光性和趋化性诱杀害虫。

（3）汰选法：利用风选、筛选、泥水或盐水浮选等方法，淘汰有病虫的种子、菌核、虫瘿等。

（4）温度处理：夏季利用室外日光晒种杀死潜伏在其中的害虫，烘干机可以达到同样的效果。温汤浸种。冬季低温冷冻。

（四）生物防治法

1. 定义

利用有益生物或其代谢物质来控制病虫害称生物防治法。它是病虫害防治的发展方向。

2. 优点

生物防治的优点是对人畜安全、无污染、无抗性、资源丰富、有长期控制效应。

3. 主要措施

（1）以虫治虫。利用天敌昆虫防治害虫。

主要途径：一是保护利用自然天敌昆虫。

二是繁殖和释放天敌昆虫。

三是引进天敌昆虫。

注：常见的寄生性天敌昆虫主要是寄生蜂和寄生蝇。昆虫寄生于害虫各虫态的体内或体表，以害虫的体液或内部器官为食，至害虫死亡。自然界，每种害虫都可能被数种甚至上百种天敌昆虫所寄生，如玉米螟的寄生蜂可达 80 种以上。

（2）以菌治虫。利用微生物或其代谢产物控制害虫总量。

细菌杀虫剂：苏云金杆菌类，如杀螟杆菌、青虫菌、红铃虫杆菌。因细菌致病的害虫，虫体发软变色，有臭味。

真菌杀菌剂：如白僵菌。

白僵菌致死的害虫

病毒杀虫剂：主要是核多角体病毒。

（3）以菌治病。利用微生物分泌的某种特殊物质，抑制、溶化或杀死微生物。这种特殊物质称为抗生素。能产生抗菌素的菌类称抗生菌。目前使用的抗菌素有：井冈霉素、青雷霉素、多抗霉素、公主岭霉素、抗霉菌素 120、农用链霉素、新植霉素。有些抗菌素可以杀虫、杀螨，如齐螨素、浏阳霉素。

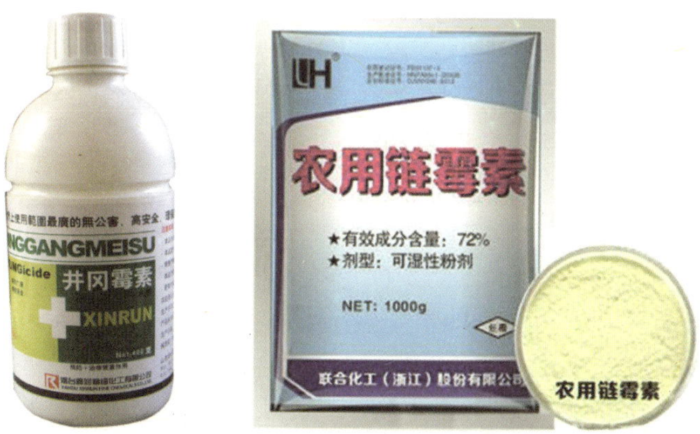

抗菌素

（五）化学防治

1. 定义

化学防治是指用各种有毒的化学药剂来防治病虫害及其他有害生物的方法。它在综合防治中占有非常重要的地位。

2. 优点

（1）防治效果显著，收效快，既可以在病虫发生前作为预防性措施，又可在病虫发生后作为急救措施，迅速消灭病虫为害，收到立竿见影的效果。

（2）使用方便，受季节和地区限制小。

（3）可大面积使用，便于机械化。

（4）防治对象广，几乎所有的植物病虫都可用化学防治。

（5）可工业化生产，远距离运输，长期保存。

3. 化学防治的缺点

（1）病、虫、草产生抗药性。

（2）化学防治成本上升。

（3）破坏生态平衡。

（4）污染环境。

课后作业:

一、填空题

1. 农药中的“三 R”问题是指：______、______、______。

2. 我国的植保方针是__________________。

3. ______是综合防治的前提，________是综合防治的基础。

4. 对内检疫又称______，主要任务是______。对外检疫又称______，主要任务是________。

5. 农业防治的优点是____________________。

6. 利用各种________和__________防治害虫，又称物理防治。

7. 诱杀法主要是用来防治具有______性和______性的害虫。

8. 生物防治的优点是____________。

9. 利用天敌防治害虫的主要途径，一是________，二是____________，三是________。

10. 能产生抗菌素的菌类主要是______和______中的一些种类。

二、选择题

1. 防治病虫最经济有效的方法是(　　)。
   A. 培育抗病虫品种　　B. 改进耕作制度
   C. 运用合理栽培技术　　D. 化学防治
2. (　　)防治法是病虫防治的发展方向。
   A. 物理　　B. 化学　　C. 生物　　D. 农业
3. (　　)是真菌杀虫剂。
   A. 白僵菌　　B. 苏云菌杆菌
   C. 青虫菌　　D. 红铃虫杆菌

三、判断题

1. 农药可以杀死所有的害虫和病原物，所以化学防治是万能的。(　　)
2. 防治病虫害的目的是杀死所有的害虫和病原物。(　　)
3. 对于病害而言，选育抗病品种是防治措施中最根本的途径。(　　)
4. 无论高温还是低温都可以杀死种子中的害虫。(　　)
5. 化学防治比其他防治方法好。(　　)

四、名词解释

1. 综合防治　2. 植物检疫　3. 农业防治

五、问答题

1. 被检疫对象的共同特点是什么?
2. 合理地进行轮作换茬有什么好处?
3. 化学防治有何优缺点?

第四章　农药应用技术

第一节　农药的基本知识

一、农药的概念

农药是指用来防治危害农林牧业生产的有害生物（害虫、病菌类、螨类、杂草、线虫、鼠类等）和调节植物生长的化学药品，但通常也把改善农药有效成分的物理、化学助剂包括在内。

施用农药相对于其他防治措施，具有高效、速效、方便、适应性广、经济效益显著等优点。

现代农业不使用农药很难达到高产稳产的要求，但大量使用农药将会造成环境污染、人畜中毒、有害生物产生抗药性等严重后果。因此，农药的使用应控制在合理的使用范围内，并配合使用其他防治方法。

现代农药的要求：高效、低毒、低残留、对环境安全。由过去强调对有害生物的“杀死”，到现在的注重于“调节”。今后农药的内涵必然是“对有害生物高效，对非靶标生物和环境安全”。

二、农药的分类

农药的种类很多，可根据防治对象、作用方式和化学组成等进行分类。按主要的防治对象分为：杀虫剂、杀菌剂、除草剂、杀螨剂、杀鼠剂、杀线虫剂、植物生长调节剂。

（一）杀虫剂

杀虫剂是指用来防治农、林、卫生、储粮及畜牧等方面害虫的农药。

1. 按其成分和来源分类

（1）无机杀虫剂：以天然矿物质为原料的无机化合物，如硫黄、砒霜、氟化钠等。

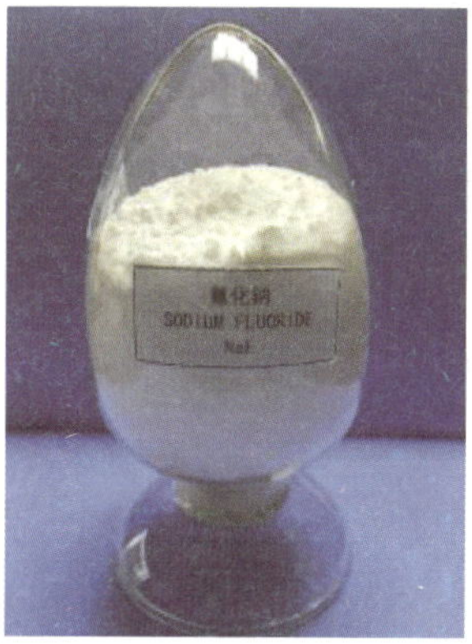

氟化钠

硫黄

（2）有机杀虫剂可分为下述两种。

① 天然有机杀虫剂：直接由天然有机物或植物油脂制作的杀虫剂，如松脂合剂。

松脂

② 人工合成有机杀虫剂：有效成分为人工合成的有机化合物，又称化学杀虫剂。又分为：有机氯杀虫剂，如滴滴涕、六六六等。这类农药因残留期长，对环境污染较大，已被淘汰。

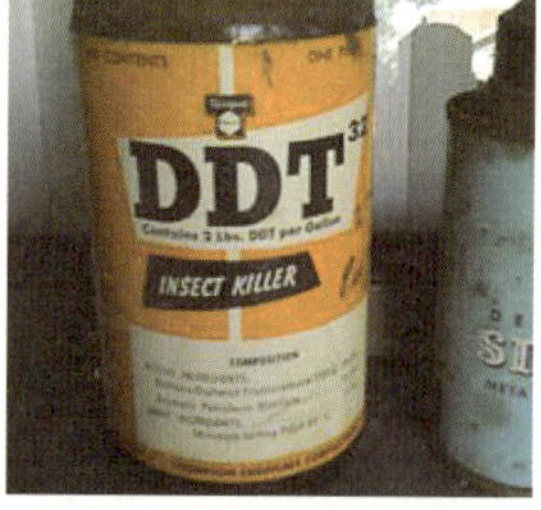

滴滴涕

有机磷杀虫剂，如敌百虫、氧化乐果等。

氨基甲酸酯类杀虫剂，如呋喃丹、灭多威等。

氧化乐果

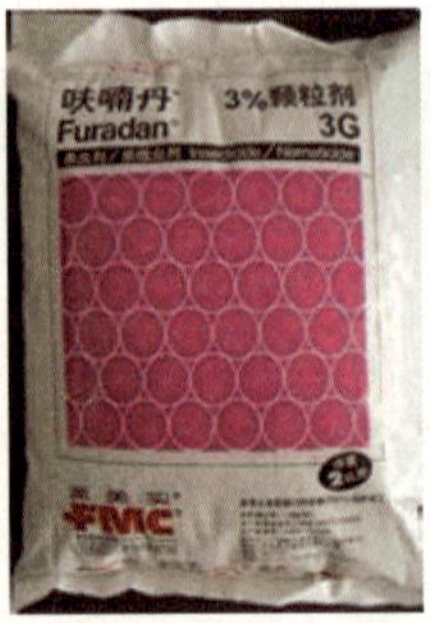

呋喃丹

灭多威

有机氮杀虫剂，如双甲脒。

拟虫菊酯类杀虫剂，如敌杀死、氯氰菊酯。

特异性杀虫剂，如灭幼脲。

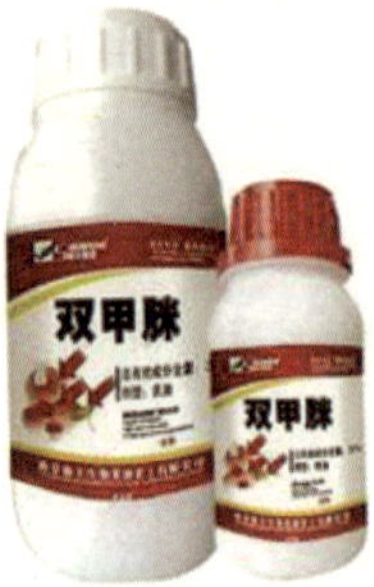

双甲脒

敌杀死

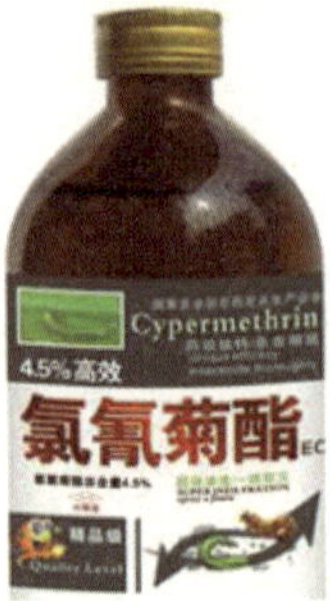

氯氰菊酯

灭幼脲

（3）微生物杀虫剂：能使害虫致病的真菌、细菌、病毒及其代谢产物，通过人工大量培养作为农药。如青虫菌、苏云金杆菌、白僵菌等。

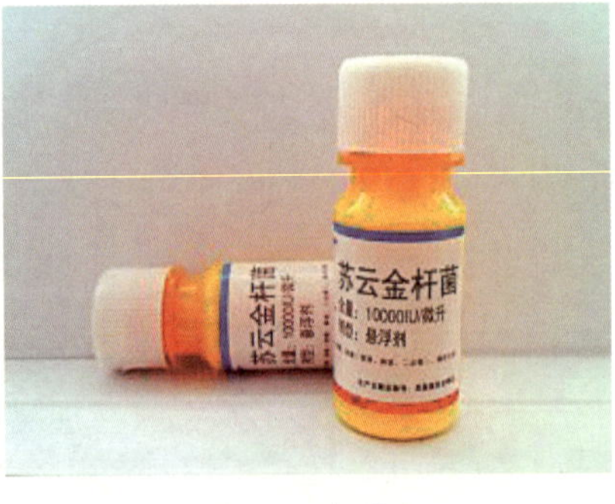

苏云金杆菌

白僵菌

（4）植物性杀虫剂。如烟草、除虫菊酯。

烟草

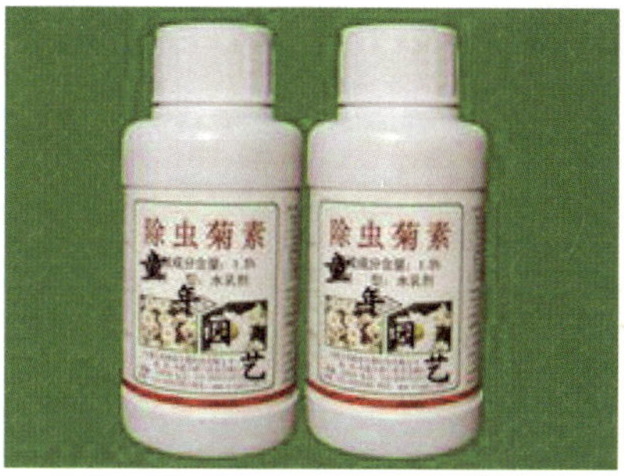

除虫菊酯

2. 按杀虫剂的作用方式分类

（1）胃毒剂：害虫取食后，经口腔通过消化道进入体内引起中毒身亡的药剂。如敌百虫。

（2）触杀剂：通过接触表皮渗入害虫体内，使之中毒死亡的药剂。如敌杀死。

（3）内吸剂：是指能被植物吸收，并在植物体内传导或产生代谢产物，在害虫取食植物汁液或组织时，使之中毒死亡的药剂。如氧化乐果。

3. 按杀虫剂的毒理作用分类

（1）神经毒剂：作用于昆虫的神经系统，干扰正常的神经传导，引起死亡的药剂。

（2）呼吸毒剂：作用于昆虫的呼吸系统，抑制呼吸酶的活性，阻碍呼吸代谢的正常进行，引起窒息死亡的药剂。如鱼藤酮。

（3）物理性毒剂：通过摩擦或溶解作用损伤昆虫表皮，使昆虫失水，或阻塞昆虫气门，影响呼吸的药剂。如矿物油剂、惰性粉。

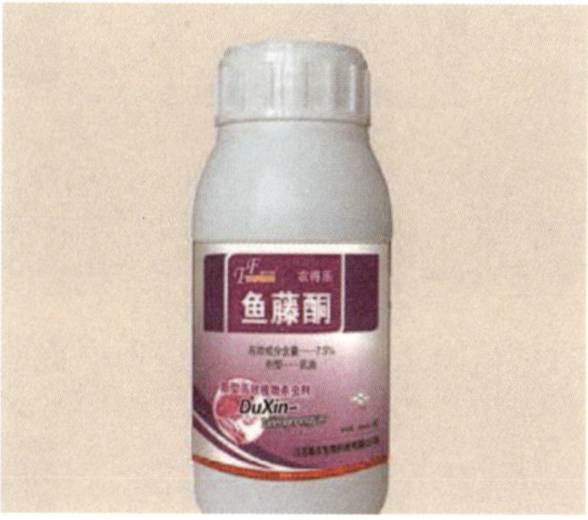

鱼藤酮

（二）杀菌剂

用来防治植物病害的药剂，称杀菌剂。

1. 按化学成分分类

（1）无机杀菌剂：利用天然矿物或无机物制成的杀菌剂。如硫黄粉、石硫合剂、硫酸铜、波尔多液。

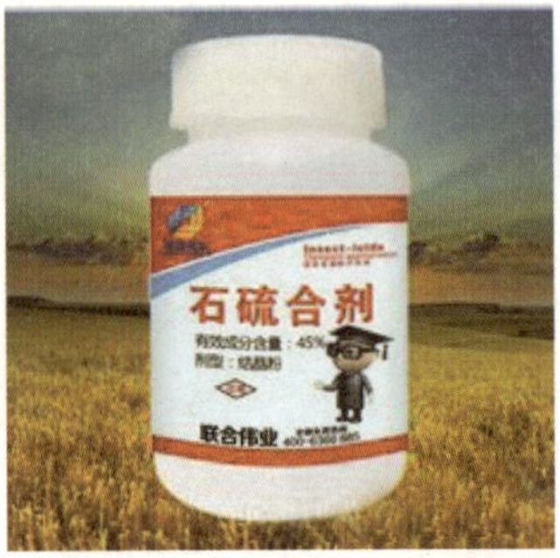

石硫合剂

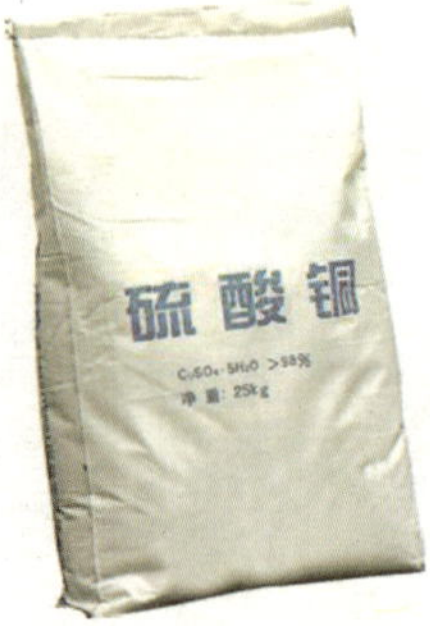

硫黄粉

波尔多液

(2) 有机杀菌剂：指人工合成的杀菌剂，又称化学杀菌剂。如代森锌、多菌灵、粉锈宁。

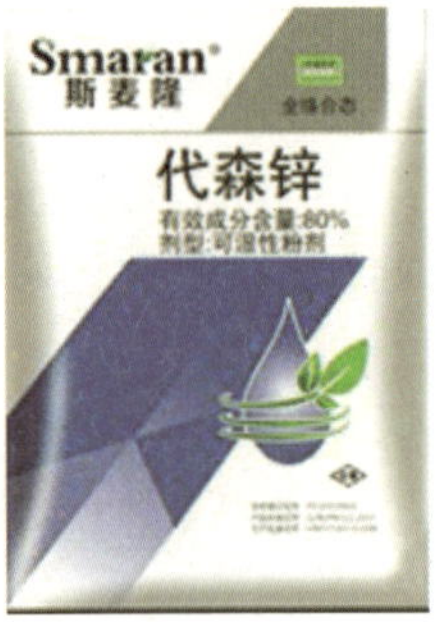

代森锌

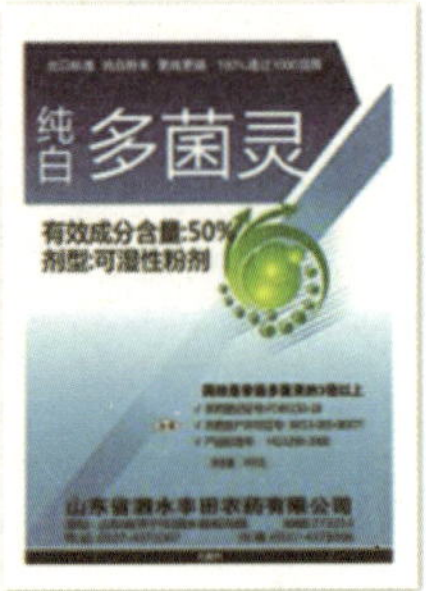

多菌灵

粉锈宁

(3) 微生物杀菌剂：指以微生物或其代谢产物防治病害的药剂。如井冈霉素。

(4) 植物杀菌剂：指从植物中提取的具有杀菌作用的物质。如大蒜素。

井冈霉素

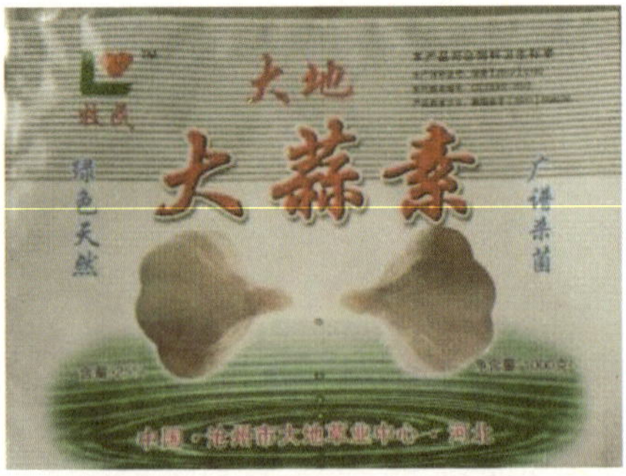

大蒜素

2. 按作用方式分类

（1）保护剂：在病原物侵入寄主之前在寄主表面施药，以达到防病目的的药剂。如波尔多液、戴森锌。

（2）治疗剂：指病原物侵入寄主植物后，在其潜伏期间施用，以抑制其在植物体内扩展或消除其为害的药剂。如甲基托布津、乙膦铝。

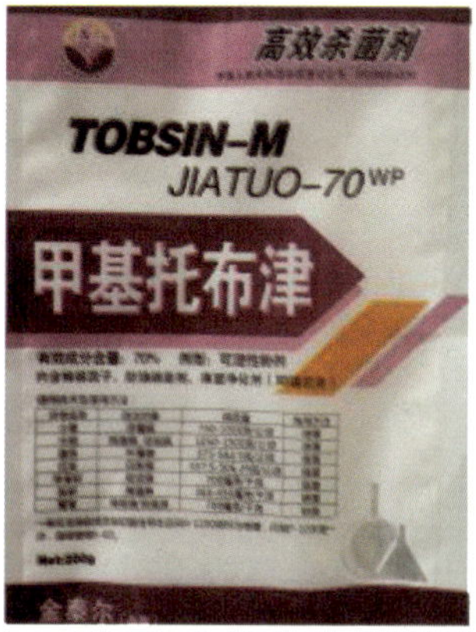

甲基托布津

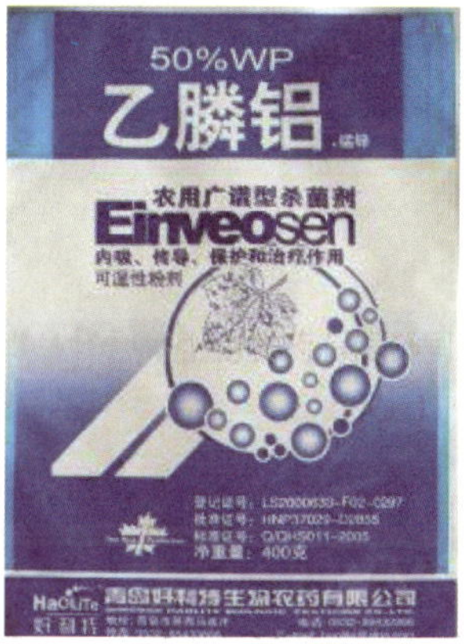

乙膦铝

（三）除草剂

除草剂是用来防除农田杂草，而又不影响农作物正常生长的药剂。

1. 按除草剂对作物作用的性质分

（1）灭生性除草剂：这类除草剂对植物无选择性，草苗不分，凡接触药剂的植物都受到伤害致死。如百草枯、草甘膦。

百草枯

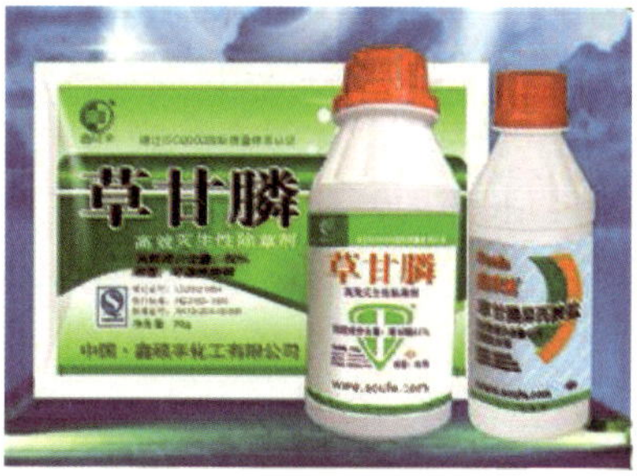

草甘膦

注： 百草枯目前无有效解药。

（2）选择性除草剂：在一定剂量范围内，除草剂在植物间有选择性，能够毒杀某种或某一类杂草，而不伤害作物。如敌稗、二甲四氯。

敌稗除草剂

二甲四氯

2. 按作用方式分类

（1）内吸性除草剂：能被杂草的根、茎、叶、芽鞘等部位吸收，并能在杂草体内传到至整个植株各部分，使杂草生长发育受到抑制、破坏或死亡。如西玛津、扑草净。

（2）触杀性除草剂：除草剂接触杂草后，并不在杂草体内传导，而是杀伤接触部位，使杂草枯死。如除草醚、五氯酚钠。

3. 按除草剂的使用方法分类

土壤处理剂、茎叶处理剂等。

另外农药还有杀螨剂、杀线虫剂、杀鼠剂和植物生长调节剂等。

三、农药的剂型

（1）原药：未经加工的农药称为原药。

（2）原粉：农药的固体形态称为原粉。

（3）原油：农药的液体形态称为原油。

（4）农药加工：将原药制成可以使用的产品的过程，称为农药加工。

绝大多数农药都必须调制成可以使用的各种产品才能使用，才能达到“安全、经济、有效”的使用目的。

（5）农药制剂：农药加工后的产品称为农药制剂。

（6）剂型：制剂的具体形态称为剂型。

绝大多数农药都必须调制成可以使用的各种产品才能使用。选用农药时除考虑品种外，还要注意农药的适当剂型，以提高药效，延长有效期，减少用药量，节约工时，降低对非靶标生物的毒性，提高对作物的安全性，减轻环境污染，才能达到“安全、经济、有效”的使用目的。

(二) 农药助剂

1. 农药助剂

与农药原药混用或通过加工过程与原药混合，能改善剂型理化性质、提高药效的物质统称为农药助剂，简称助剂。助剂本身是没有活性的物质，选用得当与否，对农药的影响较大。

2. 常用助剂

（1）填料：用来稀释原药，以减少原药用量，使原药便于机械粉碎，增加原药的分散性，是制造粉剂或可湿性粉剂的填充物。如黏土、陶土、高岭土、硅藻土、滑石粉等。

（3）湿展剂：可降低水分的表面张力，使水易于在固体表面湿润与展布的助剂。如油茶饼、纸浆废液、洗衣粉。

高岭土

滑石粉

（3）乳化剂：能使原来不相溶的两种液体，其中一种液体以极小的液珠稳定的分散在另一种液体中，形成不透明或半透明的乳浊液。如土耳其红油、烷基苯基聚乙基醚。

（4）溶剂：溶解农药原药的有机溶剂，多用于加工乳油或液体剂型。如苯、甲苯、二甲苯等。

土耳其红油

甲苯

二甲苯

（三）常用农药剂型

1. 粉剂

把原药与填料按一定的比例混合，经机械粉碎而制成的粉状物。使用时用喷粉器喷粉，或用于拌种、撒毒土等。

缺点：叶面附着性差，易被风吹落或雨水冲刷，药效期短，相对稳定性差，不耐储藏。

2. 可湿性粉剂

可湿性粉剂是含有原药、填料及湿润剂和分散剂的粉状农药制剂，加水可稀释成稳定的可供喷雾的悬浮液。

特点：加工过程中不需要加入有机溶剂，既节省了有机溶剂的用量又减少了环境污染。由于加入了湿润剂，在作物上有较强的黏着力，耐雨水冲刷和风吹，包装、储藏、运输也比较方便。因此可湿性粉剂得到了稳定发展。

3. 乳油

将原药按一定的比例溶解在溶剂中，并加入一定量的乳化剂和其他助剂，配制成一种均相透明的油状液体，它与水混合后可形成稳定的乳状液。在农药各种剂型中占有很大比重。

（1）优点：

① 由于乳化剂的作用，药液容易在作物上湿润、黏着，且容易渗透到作物和昆虫体内，药效比同种药剂其他剂型要高。

② 乳油能制成有效成分含量高、可直接兑水稀释、使用方便的药剂。

③ 溶剂、助剂、乳化剂不会与原药发生反应，并能很好地形成均相溶液，物理性质与化学性质都比较稳定。

④ 乳油组成简单，加工容易，工艺流程与生产过程不复杂，设备成本低，为大量生产提供了有利条件。

（2）缺点：

大量使用有机溶剂，在加工、储运时安全性较差，对环境的污染较大。

4. 粒剂

粒剂是指由原药、载体和助剂加工成的粒状剂型。

按药剂颗粒大小可分为三类。

（1）大粒剂：颗粒直径 5～9mm。

（2）颗粒剂：颗粒直径 250～1680 μm。

（3）微粒剂：颗粒直径 74～250 μm。

5. 胶悬剂

胶悬剂由原药、水、湿润剂、粒度调节剂、消泡剂、抗结块剂、抗冻剂等一系列助剂，经过粉碎，研磨加工而成。

特点：原药粒度范围小，分布均匀，悬浮率和稳定度高，使用时覆盖面积大，附着力强，耐雨水冲刷，药效与同剂量的乳油相近，但比可湿性粉剂要好。

6. 微胶囊剂

微胶囊剂是指用物理、化学或物理化学相结合的方法，先使农药高度分散成几微米到几百微米的微粒，而后用高分子化合物包裹和固定起来，形成的具有一定包覆强度的剂型。

特点：(1) 可以通过改变包囊壁的厚度和空隙的大小来控制药剂的释放速度。(2) 由于隔绝了光、热、空气、水和微生物对药剂的分解作用及药物自身的无效流失、挥发等，使药效期延长，有效利用率提高，也使药剂的接触毒性、药害、刺激性气味和易燃性降低，从而大大增加了药剂的安全性。

7. 其他剂型

烟剂、种衣剂、气雾剂、超低容量喷雾剂等。

课后作业：

一、填空题

1. 相对于其他防治措施，施用农药具有______、______、______、______、______等特点。

2. 今后农药的内涵必然是________________________________。

3. 现在施用农药时，并不注重______，而是注重______。

4. 滴滴涕、六六六被淘汰的原因是__________。

5. 按杀虫剂的作用方式，农药可分为________、________、________。

6. 神经毒剂作用于昆虫的______，干扰________。呼吸毒剂作用于昆虫的______，抑制______，阻碍______，引起______。

7. 按除草剂的使用方法可分为__________和__________。

8. 未经加工的农药称________，农药的固体形态称______，液体形态称________。农药加工后的产品称为________，制剂的具体形态称为________。

9. 粒剂可控制________，延长________，使________。

二、选择题

1. 属天然有机杀虫剂的是(　　)。

A. 松脂合剂　　B. 硫黄　　C. 砒霜　　D. 氟化钠

2. 胃毒剂对(　　)式口器的害虫效果最好。

A. 咀嚼　　B. 刺吸　　C. 虹吸　　D. 各种口器

3. 内吸剂是指被(　　)吸收。

A. 害虫　　B. 植物　　C. 病原物　　D. 害虫和植物

4. 属于内吸剂的是(　　)。

A. 敌百虫　　B. 敌杀死　　C. 氧化乐果　　D. 石硫合剂

5. 甲基托布津应在(　　)期间用药。

A. 接触　　B. 侵入　　C. 潜育　　D. 发病

三、判断题

1. 施药效果虽好，但施用量要控制在合理的范围内。(　　)
2. 烟草属于植物性杀虫剂。(　　)
3. 多菌灵是人工合成的有机杀菌剂。(　　)
4. 波尔多液应在病原菌侵入寄主后施用。(　　)
5. 百草枯只杀死杂草而不伤害作物。(　　)
6. 内吸性除草剂是指能被杂草内吸。(　　)
7. 粒剂施药时有一定的方向性。(　　)

四、名词解释;

1. 农药　2. 除草剂　3. 农药助剂

五、问答题

1. 选用农药时除考虑农药品种外，为何还要考虑农药剂型?
2. 助剂对病虫害没有任何作用，为何在生产农药时仍要添加助剂?
3. 和粉剂相比，可湿性粉剂有何优点?
4. 乳油有何优缺点?

第二节　农药的使用方法

一、农药的使用方法

农药的使用，既要达到防治病虫、杂草危害，又要保障人畜、作物及有益生物的安全，还要经济、简便。因此，应针对防治对象的特点，选择药剂种类和剂型，还要有正确的农药施用方法。

常用的农药施用方法：

1. 喷粉法

喷粉是利用喷粉器械将粉剂均匀的撒布于防治对象、活动场所及寄主表面的一种施药方法。

喷粉器

喷粉

（1）优点：

使用比较方便，工作效率高，不受水源的限制。

（2）缺点：

药粉易被风吹失和易被雨水冲刷，因此，药粉附着在作物表体的量减少，药效差，降低了防治效果，粉粒易飘移，污染环境。因此喷粉法的使用在逐年减少。

2. 喷雾法

利用喷雾器械将药液雾化为细小雾滴，并使其均匀的覆盖在作物表面或防治对象上的施药方法。

喷雾器

喷雾

喷雾法分类表

指　标	高容量	中容量	低容量量	很低容量	超低容量
每亩用量/L	>40	10～40	1～10	0.33～1	<0.33
雾滴质量中径/μm	>250	>200	100～150	50～100	70
喷洒液浓度/%	0.05～0.1	0.1～0.3	0.3～3	3～10	10～15
药液覆盖度	大部分	一部分	小部分	很小部分	微量部分
载体种类	水质	水质	水质或油质	油质	—
喷雾方式	针对性	针对性	针对性或飘移	飘移	飘移

目前，国内外喷施药液量均向低容量发展，因为其单位面积用药量小，功效高，机械性能消耗低，防治及时，对环境影响小。

3. 拌种法

拌种法是指作物播种前，将农药与种子混拌均匀，使农药均匀黏着于种子表面，形成一层药膜，然后进行播种的施药方法，主要用于防治地下害虫及种子带菌的病害。

4. 撒施法

撒施法是指将颗粒剂、毒土或其他农药制剂撒施于地面、水面的一种施药方法。

注意：供手撒施的农药必须是低毒或经过加工而低毒化了的药剂。毒土是由一定的农药和细土混合而成。

5. 土壤处理法

将药物均匀的施于地表，然后耕耙，使药剂分散在土壤耕作层内的方法叫土壤处理法，主要用于防治地下害虫，土传病害及杂草。

人工拌种

机械拌种

6. 毒饵

毒饵是指用防治对象喜食的食物为饵料，再加入一定比例的胃毒剂混配成的含毒饵料。利用防治对象的活动规律，将毒饵施于田间或其出没的场所，主要用于防治地老虎、蝼蛄、鼠。

7. 熏蒸法

熏蒸法利用药剂挥发的有效成分来防治病虫害。可用于防治仓库害虫，也适用于大棚和温室的病害的防治。

熏蒸法

此外，根据特定的农药施用要求，还有浸种法、浸苗法、泼浇法、灌根法、土壤穴施、沟施、涂抹法、注射法等施药方法。

浸种法

涂抹法

注射法

二、农药的稀释和计算

绝大多数农药在使用之前都需要加水或加填充剂，稀释至一定浓度后才能使用，以做到施用均匀，提高药效，防止药害。

（一）农药浓度的表示方法

任何一种农药，起作用的是其中的有效成分。

农药的命名方法：第一部分为有效成分含量；第二部分为农药品种名称；第三部分为剂型名称。如40％久效磷乳油。

（1）浓度的表示方法（百分比浓度）：指100份药液中所含有效成分的份数。

质量分数：指每100个质量单位的药剂中所含农药有效成分的质量，用希腊字母 ω 表示。

体积分数：指每100个体积单位的药剂中所含农药有效成分的体积量，用希腊字母 φ 表示。

质量浓度：一般指一升药液中所含有效成分的千克数，用希腊字母 ρ 表示。如0.025kg/L敌杀死，指一升制剂中含溴氰菊酯0.025kg。

（2）倍数法：稀释倍数是指一份农药制剂经稀释后成为原来的多少倍。这反映的制剂的稀释倍数，不是农药有效成分的稀释倍数。当稀释倍数小于100倍时，需加稀释剂的份数为稀释倍数减1。当稀释倍数大于100倍时，需加稀释剂的份数等于稀释倍数。

（3）单位面积药量：指 $667m^2$（或 $1hm^2$）田块需施入有效成分的量。优点是可以使不同有效成分含量的某种农药在用药量换算上具有统一标准。

（二）质量分数（体积分数）与倍数法之间的换算

$$稀释后的有效成分含量=\frac{农药制剂浓度}{稀释倍数}\times 100\%$$

（三）农药稀释计算方法

1. 质量分数（体积分数）或质量浓度计算

$$制剂浓度\times制剂药量=稀释后药液的浓度\times稀释后的总药液量$$

由此可得：

$$所需制剂的药量=\frac{稀释后的药液浓度\times稀释后的总药液量}{制剂浓度}\times 100\%$$

$$稀释后的药液浓度=\frac{制剂浓度\times制剂药量}{稀释后的总药液量}\times 100\%$$

2. 稀释倍数计算法

稀释倍数在100倍以下时：

$$稀释剂用量=农药制剂量\times(稀释倍数-1)$$

稀释倍数在100倍以上时：

$$稀释剂用量=农药制剂量\times稀释倍数$$

课后作业：

一、填空题

1. 农药的施用既要达到______，又要______，还要________。

2. 农药的施用方法有______、________、________、______、________、__________、__________。

3. 喷粉法的缺点是______________________________。

4. 熏蒸法可用来防治________害虫，也适用于____________和__________害虫防治。

5. 我国农药制剂的名称中，第一部分是__________，第二部分为__________，第三部分为________。

6. 计算农药稀释浓度或有效成分用量，都要以为______基础。

7. 质量分数表示__________，质量浓度表示____________。

二、选择题

1. 目前，国内外喷施药液量均向(　　)容量喷雾发展。
   A. 高　　B. 中　　C. 低　　D. 超低

2. 防治田鼠可采用(　　)施药法。
   A. 拌种　　B. 毒饵　　C. 喷雾　　D. 撒施

三、判断题

1. 拌种法主要防治地下害虫和苗期害虫。(　　)

2. 土壤处理法不能防治杂草。(　　)

3. 农药施用前不需要稀释。(　　)

4. 倍数法一般反映的是农药有效成分的稀释倍数。(　　)

四、问答题

举例说明我国农药制剂的命名方法？

第三节　农药的合理安全使用技术

一、农药的合理使用

目前使用的农药中有相当一部分对人畜和有益生物是有毒的，如不合理使用，就会造成人畜中毒，还会污染环境。

目前存在的农药使用不合理现象：过分依赖化学农药；连续大量使用农药；乱用农药。

导致结果：杀伤天敌，破坏生物种间固有的生态平衡；有害生物再猖獗，次要有害生物种群上升为主要种群；有害生物产生抗药性；农产品农药残留超标，危害食品安全。

（一）农药的合理使用

（1）概念：从生态学观点出发，把使用农药控制有害生物的方法与农业、物理、生物等方法及自然控制相协调，以最小的用药量最有效地控制有害生物，以获得最大的经济效益、社会效益、生态效益和环境效益。这是一个涉及多个学科，操作技术性要求很高，内涵十分丰富的系统工程。

（2）实现措施：全面了解农药特性、剂型特点，以及防治对象、保护对象、有益生物的生物学特性、发生规律和环境条件。选用适当的农药和剂型，确定合理使用方法，施用剂量和施用时期。

（二）农药合理使用应做到

1. 对症用药

根据病虫草害发生的种类、形态特征、栖息为害特点、发生密度、天敌存量、抗性特点、防治指标等，选用相应的农药品种及剂型，达到控制病虫草为害的目的。

原因：各种农药都有特定的防治对象；同种防治对象的不同种群、不同生理小种、不同生育阶段对药剂的反应也不一样。

2. 适时用药

根据病、虫、草发生的规律及防治指标，以及不同的气候因子，选择最佳的施药时期进行用药。

例如：对于钻蛀性害虫，应在卵孵化盛期或幼虫尚未蛀入前施药。预防病害，应在病菌尚未侵入作物之前用药。芽前除草剂应在杂草尚未出土之前使用。

3. 适量用药

农药的使用剂量和浓度要适当。一种农药的稀释倍数和用药量，都是经过反复试验确定的，所以不可随意缩小稀释倍数，增加施药量，要在保证防治效果的基础上，使用最低有效浓度和最少有效次数。

4. 农药混用

农药混用是指将两种或两种以上的农药混在一起使用的方法。

农药合理混配可提高效率，扩大使用范围，兼治多种害虫，减少用药量，提高药效，降低毒性，减缓害虫对药剂的抗药性，降低药剂的毒性和药害，省工省时。但有的农药混用后，毒性增强，甚至为害人畜的生命安全，因此，切忌随意混用。

以下情况不能混用：

(1) 混用后药效降低，毒性增强，药害严重。

(2) 混用后既不能克服或延缓有害生物的抗药性，又不能增效兼治降低用量的。

(3) 混用后破坏了原来的物理性状或产生不良的化学反应。

(4) 毫无混用必要。

5. 交替用药

交替用药：作用机制不同的两种农药相隔一定的时间交换使用。

作用：可延缓病虫抗性的产生。

要做到真正的合理使用农药，还要针对当地的用药情况和农药市场行情，选用适宜的农药品种和剂型，适时、适量、适法地使用农药，经济、安全、有效、及时地控制有害生物的为害。

二、农药的毒性、环境安全与安全使用

(一) 农药毒性

农药是一类特殊的生物活性物质，其中绝大多数品种对高等动物都有毒性。

1. 农药毒性

农业上将农药对靶标生物的毒性称为毒力，对人畜等高等动物的损害称为毒性。

2. 农药进入高等动物体内的途径

一是皮肤。二是呼吸道。三是口。

3. 中毒种类

急性中毒；亚急性中毒；慢性中毒。

(1) 急性中毒：农药一次大剂量或 24 小时内多次对生物体作用后所产生的

毒性。

农药急性毒性大小的衡量标准：

① 致死中量（LD_{50}）：在供试动物实验中，测出一次给药杀死群体中50%个体所需的剂量（每千克体重毫克数）。

② 致死中浓度（LC_{50}）：在供试动物实验中，测出一次给药杀死群体中50%个体所需的浓度（mg/m^3）。

一种农药的致死中量或致死中浓度的数值越大，则它的毒性越低，数值越小则毒性越高。

急性毒性分级标准

给药途径	Ⅰ（高毒）	Ⅱ（中毒）	Ⅲ（低毒）
LD_{50}（大白鼠经口）（mg/kg）	＜50	50～100	＞500
LD_{50}（大白鼠经皮）（mg/kg）	＜200	200～2000	＞2000
LC_{50}（大白鼠吸入）（mg/m^3）	＜200	200～2000	＞2000

（2）亚急性中毒：在较长时间内经常接触、吸入或食入某种农药成分，最后导致人畜发生与急性中毒类似的症状，称亚急性中毒。

（3）慢性中毒：指污染生活环境或残留食物中的微量农药，长期少量地被人畜摄食，造成体内积累，引起的慢性毒害，称为慢性中毒。

慢性中毒的毒害："三致性"即致畸性、致癌性、致畸变性。

以及有机磷农药的迟发性神经毒性。

（二）禁止使用和限制使用的农药种类

1. 国家明令禁止使用的农药

六六六，滴滴涕，毒杀芬，二溴氯丙烷，杀虫脒，二溴乙烷，除草醚，艾氏剂，狄氏剂，汞制剂，砷、铅类，敌枯双，氟乙酰胺，甘氟，毒鼠强，氟乙酸钠，毒鼠硅。

2. 在蔬菜、果树、茶叶、中草药材上不得使用和限制使用的农药品种

甲胺磷、甲基对硫磷（甲基1605）、对硫磷、久效磷、磷胺、甲基对硫磷、特丁硫磷、甲基硫环磷、灭线磷、硫环磷、蝇毒磷（蝇毒硫磷）、氯唑磷、苯线磷、三氯杀螨醇、水胺硫磷、地虫磷（地虫硫磷、大风雷）、氧化乐果、速扑杀、灭多威（万灵）、磷化铝、三硫磷。

（三）农药对环境的污染

1. 农药进入人类生存的空间

农药一经使用就进入了人类生存的空间：大气、水体、土壤、多种生物体。

2. 农药在环境中的变化

农药在环境中可发生各种各样的反应，并在环境各组成要素中进行迁移和转化。一定时期后一部分或完全降解消失。

农药残留：一部分降解后以极少量原药或有毒的转化物存在于环境及动植物食品中，称为农药残留。农药残留数量，称为残留量。

农药污染：农药残留量超过限量，就会对人类、有益生物及整个生态系统造成不良影响，这就是农药污染。

农药污染的表现：对土壤的污染、对水体的污染、对大气的污染、对农副产品的污染。

（1）农药对土壤的污染

农药进入土壤的途径：田间喷洒农药，除部分落于作物和靶标生物上，大部分落入土壤中。附着在作物上的农药，因风吹雨淋落入土壤中。浸种、拌种、毒土、浇灌等施药方式将农药直接施于土壤。

对土壤的影响：性质稳定、分解缓慢、残效期长的农药易在土壤中积累，造成土壤污染。性质不稳定易光解或水解或易被微生物降解的农药，易从土壤中消失，对土壤污染相对较轻。

（2）农药对大气的污染

农药进入大气的途径：为防治农林有害生物而喷洒的农药进入大气。农药从施过药的作物、土壤、被污染的水面挥发进入大气。农药厂排出的废气中含有农药。喷洒农药时，农药随气流飘移，被大气传带扩散到其他地区造成污染。

（3）农药对水体的污染

农药进入水体的途径：农田用药时，散落在田地里的农药随灌溉水或雨水冲刷流入江河湖泊，进入水体。农药厂排出的废液。在湖、河中洗涤施药工具或容器。

农药对地下水的污染：水溶性大，不易被土壤吸附的稳定性农药，易被淋溶而污染地下水。有机质含量低的沙性土壤对药剂的吸附性较弱，农药易被淋溶进入地下水。

造成结果：水生生物中毒死亡或数量减少，也可能污染饮用水，威胁人的身体健康。

（4）农药对农副产品的污染

施药后药剂对作物的直接污染：施药后农药落于作物上，或黏附于作物上，或渗透的植物内部，或被作物吸收，随体液传导到植物各部分。这些农药经各种外界环境的影响，及植物体内酶系作用会被逐渐降解、消失。但是如果在农药安全间隔期内使用农药，导致作物收割时还带有超标的残留农药，会造成农副产品的污染。

农药对水体的污染

农药对土壤的污染

农药对作物的污染程度与药剂的性质有关。

a. 高毒稳定的内吸农药，能被植物的根茎叶吸收，并随体液在植物体内传导，易造成对农副产品的污染。

b. 渗透性强的高毒农药易对农副产品造成污染。

c. 含有重金属的砷制剂、汞制剂，由于性质稳定毒性大，易造成对农副产品的污染。

a、b、c 三类农药禁止在蔬菜、果树、烟、茶等作物上使用。

农药施用浓度越高、次数越多、量越大对作物的污染越严重。

作物从污染的环境中吸收农药：从土壤中吸收农药的能力因作物种类不同而有差异。

最易从土壤中吸收农药的是胡萝卜，其次是草莓、菠菜、萝卜、马铃薯、甘薯等。

难从土壤中吸收农药的是番茄、圆辣椒、卷心菜、白菜等。

水生植物从污染的水中吸收农药的能力较强。

(四) 农药的安全使用

1. 农药安全使用的意义

农药使用得好，对于农、林、牧业的发展和兴盛起着不可磨灭的作用，可以说人类的生存和发展离不开农药的应用，完全禁用农药是不现实的。但是使用得不好，也会带来很大的损失和灾难，因此，安全使用农药极为重要。针对农药对环境的污染和农药残留，积极研发新型农药，并利用农药对环境污染的客观规律，寻找出有效防治措施才是正确的。

2. 农药的安全使用措施

(1) 健全农药保管制度

① 农药要有专人、专仓、专柜保管，并需加锁，要有出入登记账目，绝不能和食物放在一起，更不能放入卧室。

② 用过的空瓶、药袋要收回妥善处理，不得随意拿放，更不能盛装食物。

③ 施药的用具也要有明显的标志，不可随意乱用。

④ 如果发现药瓶上的标签脱落，应随时补贴，以防误用。

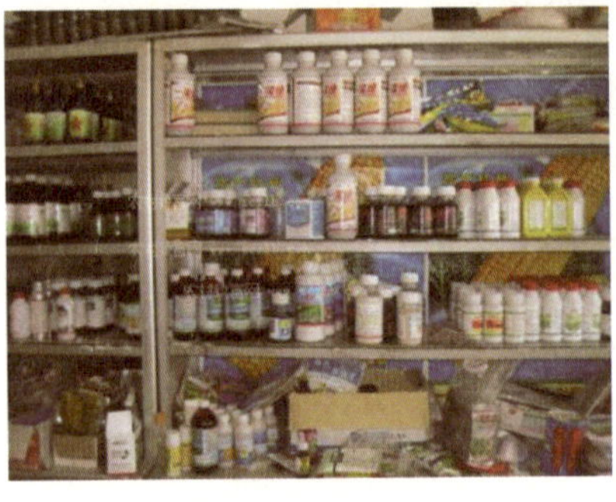

农药专柜

农药专柜

(2) 严格遵守操作规程

① 配药或拌种要有专人负责。配药时液剂要用量杯，粉剂要用秤称，按规定倍数稀释，不得随意提高使用浓度。拌种时必须使用工具，严禁与手接触。

② 施药前，要检查和修理好配药和施药工具。

③ 施药人员必须是工作负责、身体健康并懂得使用技术的成年人，切忌让小孩、体弱多病、患皮肤病或农药中毒治愈不久的人、孕妇、哺乳期妇女、经期妇女施药。

④ 施用剧毒农药时，必须穿长袖衣、长裤、戴口罩，禁止吃东西、抽烟和开玩笑。

⑤ 施药工具中途出现故障，要放气减压，洗净后再修理。

⑥ 每天实际施药时间不宜超过 6 小时，连续施药 3～5 天后，应换工一次。

⑦ 收工后及时用肥皂洗手、脸、换洗衣裤。凡接触过农药的工具，应先用 5%～10%的碱水或石灰水浸泡，再用清水洗净。

(3) 大力研究与推广无公害栽培技术

尽量使用生物农药以及其他抗病、虫、草的作物品种，减少化学农药的使用。

(4) 加强对新农药的安全评价和残留动态研究

制定合理的农药允许使用范围，各种农药的每日允许摄入量，农药的允许残留量，以及施药的安全间隔期（最后一次施药距作物收获的时间段），指导农药的安全使用。

(5) 严格控制使用剧毒和高残留农药

考虑农药毒性大小和持久性来确定农药在作物上的使用范围，控制农药的使用量和次数，严格按照农药的安全间隔期进行施药。严禁剧毒和高残留农药在蔬菜、果树、烟、茶、中药材等作物上使用，控制农药在作物上的最终残留水平。

(6) 加强有关农药安全使用宣传、教育和普及工作

大力倡导使用环境相容性农药，增强人们的环保意识，使人们在选用农药时，不要只考虑药效、成本、毒性，应有意识地选用环境相容性好的农药品种、剂型和使用方法，走可持续发展之路。

课后作业：

一、填空题

1. 农药的使用不仅要考虑经济效益，同时还要兼顾______、______、________。

2. 农药的合理使用也是充分发挥农药的______，克服______的重要技术环节。

3. 合理使用农药的内涵是____________。

4. 农药进入人体的途径，一是______，二是______，三是______。

5. 农药导致的中毒分为______、______、______。

6. 衡量农药急性毒性大小，通常用______和______来表示。

7. 农药的致死中量数值越大，则它的毒性______，数值越小，则毒性______。

8. 农药的“三致性”是指______、________、______。

9. 农药的环境污染主要表现为对______、______和______的污染，以及对________的污染。

10. 农药进入水体的主要途径是________。

11. 一般易从土壤中吸收农药的作物是______，其次是______等，难从土壤中吸收农药的蔬菜有____________。

二、选择题

1. 杀虫剂防治钻蛀性害虫，应在(　　)期用药。

A. 卵　B. 卵孵化盛期　C. 幼虫　D. 成虫

2. 使用芽前除草剂应在杂草(　　)用药。

A. 未出土前　B. 苗期　C. 开花期　D. 成熟期

3. 一次供药杀死供试群体中(　　)个体所需浓度，称致死中浓度。

A. 100%　B. 80%　C. 50%　D. 20%

4. 有机磷可以损害人的(　　)系统。

A. 呼吸　B. 消化　C. 神经　D. 循环

5. 国家明令禁止使用的农药是(　　)。

A. 三氯杀醇　B. 滴滴涕　C. 久效磷　D. 硫黄粉

6. 每天施药实际操作时间不宜超过(　　)小时。

A. 2　B. 4　C. 6　D. 8

三、判断题

1. 目前使用的农药中，绝大部分对人畜是无毒的。(　　)

2. 不同的农药防治的对象不同。(　　)

3. 同种昆虫的不同发育阶段对药剂的反应是相同的。(　　)

4. 使用农药时浓度越大越好，使用次数越多越好。(　　)

5. 有机磷农药容易从土壤中消失，所以对土壤的污染相对较轻。(　　)

6. 水溶性大、不易被土壤吸附的稳定性农药容易污染地下水。(　　)

7. 接触过农药的用具，可用 5%～10% 的石灰水浸泡，再用清水洗净。(　　)

四、名词解释

1. 农药的合理使用　2. 对症下药　3. 农药毒性　4. 急性中毒
5. 亚急性中毒　6. 农药污染　7. 慢性中毒

五、问答题

1. 目前农药的使用中存在哪些问题?
2. 农药混用的优缺点是什么?
3. 农药混用的原则是什么?
4. 农药在什么情况下是不能混用的?
5. 急性中毒和亚急性中毒有何区别?
6. 农药进入大气的途径有哪些?
7. 甲胺磷、对硫磷等磷制剂和汞制剂禁止在蔬菜、果树、烟等作物上使用的原因是什么?

第五章　农田杂草的防除技术

第一节　农田杂草的概念和危害

一、杂草的概念

一般定义：指农田中非有意识栽培的植物。

广义定义：指长错了地方的植物。

生态经济角度定义：一定条件下，凡害大于益的植物都可称为杂草。

二、杂草的危害

杂草是农业生产的大敌，它是在长期适应当地的作物、栽培、耕作、气候、土壤等生态环境及社会条件下生存下来的，并从不同的方面侵害作物。

① 与作物争水、争肥。

② 侵占地上和地下空间，影响作物光合作用，干扰作物生长。

③ 杂草是作物病害、虫害的中间寄主。

④ 杂草降低作物的质量和产量。

⑤ 防除杂草增加管理用工和生产成本。

杂草影响水利设施

⑥ 杂草混在收获物中，食用后影响人畜健康。

⑦ 影响水利设施。

第二节　除草剂的选择性和使用方法

一、除草剂的选择性

1. 除草剂

用来防治杂草的农药称为除草剂。

2. 除草剂的选择性

除草剂只杀杂草而不伤作物，或只杀某种或某几种杂草而不伤害其他杂草和作物的特性，称除草剂的选择性。

除草剂的选择性是相对的，它与作物自身的形态、生理生化特点、发育时期、遗传特性及除草剂的特性、剂型、施药时间、施药方法、施药剂量、环境条件密切相关。

3. 除草剂的选择性原理

（1）形态选择性

由于植物形态的差异，即生长点位置、叶片形状、表皮结构、叶片直立程度的差异，导致对药剂的附着或吸收量的不同而产生的选择性，称为形态选择性。

① 单子叶植物：叶片直立、狭小，叶片的角质层、蜡质层较厚，因而受药面积小，药液难以附着、沉积，顶芽被重重叶鞘包裹，并不直接接触药剂。

单子叶植物

② 双子叶植物：叶片平伏，面积大，叶片的角质层、蜡质层较薄，受药面积大，药液易于沉积，而且顶芽裸露，容易直接接触药剂。

双子叶植物

（2）生化选择性

利用除草剂在植物体内所经历的生物化学反应差异而产生的选择性，称为除草剂的生化选择。目前应用的选择性除草剂大多数都是这类除草剂。生化反应包括酶促活化作用和除草剂的钝化作用。

① 酶促活化作用：这类除草剂本身对植物并无毒害或毒害较小，但经植物体内代谢后成为有毒物质。

如二甲四氯丁酸本身对植物无毒，但经植物体内 β-氧化酶系的活化作用，生成毒性较强的二甲四氯。大豆中 β-氧化酶活性很低，因而不易生成二甲四氯，相对安全。其他阔叶杂草该酶活性很高，因而易被杀死，如藜、蓟（刺儿菜）。

② 钝化除草剂作用：除草剂本身对植物有毒害，但其有毒物质经体内酶或其他物质的作用，被钝化而失去活性。

由于药剂在不同植物中的代谢钝化反应速度与反应程度各不相同，因而产生了选择性。

敌稗能杀死稗草而对水稻安全，是因为水稻体内芳基酰胺酶活性高，可迅速将敌稗降解，而稗草中该酶活性低，难以分解钝化敌稗，故仍维持敌稗的毒性而被杀死。

（3）生态选择性

生态选择性是利用除草剂在土壤中的部位和植物生育时间的差异，从而安全有效地防除田间杂草。

① 位差选择性：利用作物和杂草根系、种子在土壤中分布深浅的不同或利用作物和杂草生长部位的不同形成的选择性。

水稻

稗草

a. 播前或播后苗前土壤处理法：杂草种子、根系一般都处在土壤浅层，而作物种子、根系一般都处在较深层。所以，在播前或播后出苗前对浅层土壤进行处理，可杀死杂草而不伤害作物。

b. 发育期间土壤处理法：在作物生育期间可用定向喷雾法或使用防护设备，使药液接触不到作物或仅喷到非要害部位。

定向喷雾

② 时差选择性：利用作物与杂草发芽、出土时间差异，或施药与播种时间差异所形成的选择性。

如百草枯或草甘膦用于作物播种前或插秧之前，可杀死已萌发的杂草，而由于它们在土壤中可迅速钝化，因而可安全地播种或插秧。

二、除草剂的使用方法

（一）按施药时间分

1. 播前处理：在作物播种前将除草剂施到土壤表面并将其耙入土中。

2. 播后苗前施药：在作物播种后出土前施药，杀死杂草幼芽、幼根。

3. 苗后处理：杂草出苗后 2～5 叶期。

（二）按施药对象分

1. 土壤处理：将除草剂施到土壤表面或将其耙入土中。

2. 茎叶处理：将除草剂喷洒到杂草茎叶上，使其被杂草吸入再传到杂草作用点。本方法要求除草剂的选择性要好，对作物安全。

（三）按施药方式分

1. 涂抹施药：利用特制的绳索或海绵塑料携带药液进行涂抹，主要防治高于作物的杂草。

2. 撒施：稻田常用的方法，简单易行，效率高。

3. 泼浇：将除草剂稀释成一定浓度的溶液，用盆、桶或其他容器将药液泼入田间，通过水层逐渐扩散，下沉于土壤表层。

4. 滴灌：利用除草剂的扩散性，将其滴入水流中进入田间，扩散并下沉于土壤表层。

5. 点状施药：根据田间杂草发生情况，有目的地进行局部施药。

课后作业：

一、填空题

1. ________的农药称为除草剂。

2. 杂草一般是指________，广义上说是指________，从生态经济角度看杂草是指________。

3. 除草剂的选择性是指除草剂________或________的特性。

4. 除草剂的选择性有________，________，________。

5. 除草剂的使用方法按施药时间可分为______，______，______。按施药对象可分为________，____________ ______。按施药方式可分为______，________，________，________，________。

二、问答题

杂草对作物的危害表现在哪些方面？

附：本地常见杂草

1. 龙葵：浆果和叶子都可以吃，浆果变紫色后可以直接吃，味道酸酸甜甜的，但叶子含有大量生物碱，必须要煮熟。

2. 曼陀罗：野生全白花，呈筒状。蒴果直立生，有坚硬针刺。常生于荒地、旱地、宅旁、向阳山坡、林缘、草地。喜温暖、向阳及排水良好的砂质壤土。具有药用或观赏价值。

3. 苘（qǐng）麻：田间特别常见，籽一爆一堆，成熟后的茎皮是制造绳索和包装用品的原料。

4. 苍耳：有很多硬刺，小时候男生常把它粘到女生头发上，害得女生简直想哭。或许你不知道，它全株都有毒（贝壳杉烯毒苷），以果实特别是种子毒性较大。

5. 小蓟：山东俗名萋萋菜，“萋”字当为“蓟”字之转音。其根与茎皆可用，而根之性尤良。

6. 牛筋草：根系极发达，秆叶强韧，全株可作饲料，为优良保土植物。

7. 泥胡菜：一年生草本，高 30～100 厘米。花果期 3～8 月。生于山坡、山谷、平原、丘陵，林缘、林下、草地、荒地、田间、河边、路旁等处。别名：剪刀草、石灰菜、绒球、苦榔头、糯米菜。花跟小蓟很像，不仔细看分不出来。

8. 田旋花：长得特别像喇叭花（牵牛花），但是叶子不同，它是柳叶状，喇叭花是掌状。

9. 马唐草：杂草，跟牛筋草差不多，根蔓延成片，一年生草本植物，高可达 80 厘米，叶鞘短于节间，叶片线状披针形，基部圆形，边缘较厚，微粗糙，茎直立或斜生，下部茎节蔓延成片，难以拔出。

10. 葎草：又称勒草、黑草、麻葛蔓，株长 1～5 米，雌雄异株，通常群生，茎和叶柄上有细倒钩，碰一下就容易被划伤。

11. 稗（bài）子：最常见的野草，和稻子外形极为相似，似稻但叶片毛涩，颜色较浅。败家子中的“败”就是稗子演变过来的，因为它跟稻子争养分。它是马牛羊的好饲料。

12. 泽漆：又名五朵云、猫眼草、五凤草，挺好看，以全草入药。春夏采集全草，晒干入药。

13. 地肤草：别名扫帚菜、扫帚苗，常为呈球形的一大团，能适应砂质、砾质黏性多种土壤，在山林、荒地、田边、路旁均能生长。

14. 益母草：野地里常见，但没想到它是治妇科病的良药，夏季生长茂盛花未全开时采摘，味辛苦，凉。

15. 车前草：耐寒、耐旱，对土壤要求不严，在温暖、潮湿、向阳、沙质沃土上能生长良好。和益母草一样，也是常见的中药。

16. 地黄：著名中药，因其地下块根为黄白色而得名地黄，其根部为传统中药之一，最早出典于《神农本草经》。依照炮制方法在药材上分为：鲜地黄、干地黄与熟地黄，同时其药性和功效也有较大的差异。按照《中华本草》功效分类：鲜地黄为清热凉血药；熟地黄则为补益药。地黄初夏开花，花大，数朵，淡红紫色，具有较好的观赏性。

17. 决明草：还是中药！决明子就是它的种子！

18. 何首乌：又是中药，而且是被神化最多的植物，差不多和人参齐名了，传说中张果老就是吃了它的块根成仙的。

19. 马泡：一般农村孩子都吃过吧？瓜有大有小，最大的像鹅蛋，最小的像纽扣。瓜味有香有甜，有酸有苦。

20. 蒺藜：小时候的重要“武器”之一，只是不知道人家也是中药材之一，果入药能平肝明目，散风行血。

21. 旋复花：也是中草药哦，像野菊花，又名驴儿草、百叶草，小时候经常把它扎成一束，很好看。

22. 小飞蓬：不陌生吧？还是中药材！

23. 野燕麦：又称铃铛麦，长得像燕麦，却没啥大用。

24. 蛇莓：长得像野草莓，可人家叫蛇莓，是治毒蛇咬伤的中草药。

25. 凤仙花：不知道你小时候是否相信这个传言，把它揉碎敷在指甲上染指甲，很多人干过这事。

26. 葱兰：经常见，却一直不知道名字，后来才知道叫“葱兰”。

27. 灯笼果：有的地方也叫花姑娘，果实熟后味酸甜，很好吃，现在也有卖的，只是没有了儿时的那种甜美味道，不是它变了，是我们的味觉变了。

28. 马齿苋：还是中草药，当然，动物爱吃，人也爱吃。只是不能让动物吃多了，容易拉稀。

29. 灰灰菜：著名的可口野菜之一，用面粉一拌，然后用锅蒸，好吃得不得了。

30. 蛇床子：伞状小白花，也是著名中草药。

31. 千日红：又名百日红、火球花，千日红属一年生直立草本植物，高 20～60 厘米；花果期 6～9 月。花色艳丽有光泽，花干后而不凋，经久不变，所以得名千日红。

32. 艾蒿：又名艾草，全草入药，有温经、去湿、散寒、止血、消炎、平喘、止咳、抗过敏等作用。

33. 野鸡冠花：颜色很亮丽，不过没有栽培的好看。

34. 鸭跖草：开蓝色的小花，很特别。也是常见中草药，味甘、微苦，性寒。能清热，解毒，利尿。为消肿利尿、清热解毒之良药。

35. 红花酢浆草：也是中草药，可清热解毒，散瘀消肿，调经。外用治毒蛇咬伤、跌打损伤、痈疮、烧烫伤。园林中广泛种植，既可以布置于花坛，又适于大片栽植作为地被植物和隙地丛植，还是盆栽的良好选择。

图片均来自网络